真正的勇敢，是带着恐惧前行

欧阳健舒◎编著

中国纺织出版社有限公司

内 容 提 要

世界上任何伟大的事业，之所以成功，离不开“勇敢”二字，而一切勇敢的行为都来自克服了内心的恐惧。真正的勇敢，是带着恐惧前行，唯有敢想敢闯，并且努力再努力，才能成就人生，体会收获的快乐。

这是一本给人力量、促人奋斗的书。书中告诉那些为未来感到迷茫、恐惧、担忧和怯懦的人，只有战胜内心的恐惧，勇敢经营自己的人生，才会实现自我突破，成就未来的辉煌。

图书在版编目（CIP）数据

真正的勇敢，是带着恐惧前行 / 欧阳健舒编著. -- 北京：中国纺织出版社有限公司，2020.9

ISBN 978-7-5180-7246-0

Ⅰ.①真… Ⅱ.①欧… Ⅲ.①成功心理—通俗读物 Ⅳ.①B848.4-49

中国版本图书馆CIP数据核字（2020）第050488号

责任编辑：闫　星　　责任校对：王蕙莹　　责任印制：储志伟

中国纺织出版社有限公司出版发行

地址：北京市朝阳区百子湾东里A407号楼　邮政编码：100124

销售电话：010-67004422　传真：010-87155801

http：//www.c-textilep.com

中国纺织出版社天猫旗舰店

官方微博http：//weibo.com/2119887771

三河市宏盛印务有限公司印刷　各地新华书店经销

2020年9月第1版第1次印刷

开本：880×1230　1/32　印张：6

字数：114千字　定价：25.00元

前言

“每一次都在徘徊、孤单中坚强，每一次就算受伤也不闪泪光。”这是一首歌中催人奋进的励志语言，告诉生活中的我们无论如何都要勇敢、坚强。的确，我们的生活，并不是每天都晴朗，都充满阳光，有时它也会刮起狂风，下起暴雨，让你失魂落魄。人生充满危险与陷阱，唯有勇敢，克服恐惧，才能破涕为笑，继续前行。

莎士比亚曾说：“患难可以试验一个人的品格；非常的境遇方才可以显出非常的气节；风平浪静的海面，所有船只都可以并驱竞胜；命运的铁拳击中要害的时候，只有大勇大智的人才能够处之泰然。”冰心也曾说：“成功的花儿，人们只惊羡它现时的美丽。当初它的芽儿浸透了奋斗的泪水，洒遍了牺牲的血雨。”一个人，在遭遇磨难时如果还能用奋斗的英姿与之对抗，他的人生就是精彩的。

其实，“痛苦”本不是一件坏事，因为我们没看到的背后镌刻的是勇敢、坚强。而勇敢也并不难，只要我们能克服内心的恐惧。可以说，恐惧总是充斥在我们生活的每个角落，人们之所以恐惧，是因为现实总是残酷的，它与我们的理想形成鲜明的对比，也使我们更加认识到人生的冷酷无情。其实，恐惧并非不可原谅的，因为人的本性就是趋利避害，所以而在面对人生的诸多危险时，难免会情不自禁地作出反应。在这种情况下，与其感到害怕，刻意回避，不如勇敢地迎难而上。当你真的战胜内心的恐惧，切实地展开行动，你会发现一切并没有那么可怕，结局也并不如你所想象得那般糟糕。

毋庸置疑，每个人的心底里都有着不同程度的恐惧，我们唯有学会勇敢、学会坚强，永远不要被心底里的恐惧禁锢。当你打破内心深处的坚冰，你会发现人生其实阳光明媚，充满希望。

其实，摆脱痛苦就这么简单！不需要安慰，不需要哭泣，更不需要魔术师的帮助，只需微微一笑，告诉自己要勇敢。

人都是脆弱的，但决不能懦弱，面对命运的打击和挑战，面对流言蜚语，你应该做的不是哭泣，而是坚强和勇敢，保持清醒冷静的头脑，坦然面对生活，从容面对现实，改变我们能改变的，接受我们所不能改变的。只有这样，我们才有希望演绎出辉煌的成就和个性的自我，才能成为一个无坚不摧的人！

朋友们，当你感到痛苦时，请坚强一点，相信总有那么一天，你会看见蓝蓝的天，白白的云，还有你嘴边甜甜的微笑…… 抬头望望天，那是雄鹰直刺云霄、划破苍穹的壮美；低头看看地，那是芳草茁壮成长、自强不息的坚强。

编著者

2020年1月

目录

第1章

在最好的年纪，带上梦想去努力

我们每个人都心存梦想，都有自己向往的生活，但很多人因为缺乏勇气而与梦想失之交臂。只有勇敢地拼搏，我们才能做我们想做的人。在追逐梦想的过程中，我们会遇到许多实现梦想的机会，却却常常由于怯弱和畏惧的心理而放弃努力，导致机遇一次次擦肩而过。其实，只要我们勇敢点，勇敢地奋进，我们就能够做自己想做的人。

勇敢点，去追求你想要的生活

可以说，我们每个人的心中，都心存梦想，都有自己向往的生活，有的人想成为演员，有的人想坐拥财富，有的人想成为艺术家。然而，要想得到我们想要的生活，就要勇敢点，如果你畏首畏尾、只是幻想而不付诸实践的话，那么，你只能在一片幻想的迷途中越陷越深。因为成功与胆量有着莫大的关系，有胆量的人才有资格拥有成功。那些在取得一点成就后就安于现状、求稳的人，最终，他们只能陷于平庸。有胆量、敢于破釜沉舟的人，才会置之死地而后生，实现新的突破。

事实上，“勇敢”是我们必不可少的品质。要取得成就有很多必要条件，其中的一条非常重要，那就是：勇气。然而，勇敢的反义词就是害怕，很多人正是因为内心充满恐惧，才与成功无缘。

我们发现，现实生活中，有这样一些人，他们刚开始时都满怀理想，但在社会上打拼几年后，越发感到衣食住行等实际需要的重要性，于是，在获得一份稳定的工作之后，往往就会在时间的消耗下失去进取的锐气，无奈地满足眼前的一切。

不得不承认的是，作为一个平凡的人，我们也都害怕失败、渴望成功，于是，人们在实践自己的目标与想法前，可能会产生各种顾虑，因此迟疑不定，实际上，正是因为迟疑才导致你的恐惧、左思右想，最终使你被恐惧扰乱心境而不敢行动。在任何一个领域，不努力去行动的人，就不会获得成功。

我们需要记住的是，现代社会，不敢冒险就是最大的冒险。没有超人的胆识，就没有超凡的成就。生活中的人们，你也需要勇敢地冒险，勇于尝试，勇于走心中向往的那条路，这样，你就有了做第一个成功者的机会。胆量是使人从优秀到卓越的最关键一步。你需要勇气，需要胆量，你不是弱者！

小李在一家汽车修理厂工作，生活虽然勉强过得去，但离自己的理想还差得很远，毕竟这一工作待遇不怎么理想。

一次，他在网上看到上海的一家汽车维修公司正在招人，而这家公司的待遇正是他想要的，他决定去试一试，面试的时间是下周一。

为此，他提前来上海，找了一家旅馆住下来，吃过晚饭，他独自坐在旅馆的房间中想了很多，把自己经历过的事情都在脑海中回忆了一遍。突然间，他感到一种莫名的烦恼：自己并不是一个智商低下的人，为什么至今依然一无所成、毫无出息呢？

他拿出纸笔，写下自己最要好的四个朋友的名字，他们无论是家庭还是工作都比自己好，有的甚至现在已经买车买房。他扪心自问：与这四个人相比，除了工作以外，自己还有什么地方不如他们呢？是聪明才智吗？凭良心说，他们实在不比自己高明多少。经过很长时间的反思，他终于悟出了问题的症结——自己性格情绪的缺陷。在这方面，他不得不承认比他们差了一大截。

虽然已是深夜3点，但他的头脑出奇得清醒。他觉得自己第一次看清了自己，发觉自己很多时候不能控制自己的情绪，如爱冲动、自卑，不能平等地与人交往，等等。

整个晚上，他都坐在那儿自我检讨。他发现自从懂事以来，自己就是一个极不自信、妄自菲薄、不思进取、得过且过的人；他总是认为自己无法成功，也从不认为能够改变自己的性格缺陷。

于是，他痛下决心，自此而后，决不再有不如别人的想法，决不再自贬身价，一定要完善自己的情绪和性格，弥补自己在这方面的不足。

第二天早晨，他满怀自信地前去面试，顺利地被录用了。在他看来，之所以能得到那份工作，与前一晚的感悟以及重新树立起的这份自信不无关系。

在走马上任的两年内，小李慢慢获得了同事和上司的认可，大家都被他积极、乐观、热情的个性吸引，在后来经济不景气的环境中，每个人的情绪因素都受到了考验。当然，小李交了一份完美的人生答卷。

可见，勇敢地尝试新事物，作出改变，可以帮助我们发现新的机会，迈进从未进入的领域。生命原本是充满机会的，千万别因放弃尝试而错过机会。

许多时候，成功者与平庸者的区别，不在于才能的高低，而在于有没有勇气。有足够勇气的人可以过关斩将、勇往直前，平庸者则只能畏首畏尾、知难而退。爱默生说："除自己以外，没有人能哄骗你离开最后的成功。"柯瑞斯也说过："命运只帮助勇敢的人。"

那么，很多人也处于贫贱之中，为什么没能做出什么成就？如果一个人屈服于贫贱，那么贫贱将折磨他一辈子；如果一个人性格刚毅，敢于尝试，不怕冒险，他就能战胜贫贱，改变自己的命运。

总之，我们每个人都要记住一点，在现代社会，没有超人的胆识，就没有超凡的成就。在这个时代，墨守成规、缺乏勇气的人，迟早会被时代所抛弃。处处求稳，时时都给自己留有退路，这是一种看似稳妥却充满潜在危机的生存方式。而我们要想拥有自己想要的生活，就要勇敢地走心中向往的那条路。

何必担忧，年轻就是最好的资本

有人说，生活充斥着酸甜苦辣的味道，只有经历了苦辣，才能体会到生活的甘甜之味。年轻是美好的年纪，你的选择不同，人生经历就不同，有人选择安逸的生活，有人选择疯狂，而勇敢的年轻人则会在最美好的岁月里洒下汗水，种下希望，努力奋斗。

可能有些人会担心，万一失败了呢？正是因为他们抱着这样的想法，他们才畏首畏尾，不敢行动，而你忽略的一点是，年轻本就是最好的资本，失败了大不了重新来过，既然如此，又有什么好恐惧的呢？

如今，全世界都能找到肯德基的店面，也能看到肯德基老爷爷微笑的面庞。然而，肯德基老爷爷的一生艰难坎坷，是备尝艰辛之后才获得成功的。肯德基老爷爷叫山德士，他的家乡在美国印第安纳州。他6岁就失去父亲，不得不和母亲相依为命。穷人的孩子早当家，为了帮助母亲分担养家的重担，他12岁时就去了农场打工，此后，他接连做过很多工作，每一份工作都让他备尝辛苦。

40岁时，山德士在肯塔基州开了一家加油站。看到加油站每天人来人往，川流不息，他灵机一动，决定顺便经营外卖食品——他独创的炸鸡。渐渐地，在人们的口耳相传下，他的炸鸡越来越出名，甚至连州长都喜欢吃他的炸鸡。然而，随着战争爆发，他不得不关掉加油站，后来又因为建造公路，他的小餐厅也被关掉了。这样一来，山德士失去了自己苦心经营多年的一切，他变得一贫如洗。56岁的他无法仅仅依靠微薄的救济金生活，为此他决定推销自己的炸鸡配方。然而，他走遍了美国的每一个角落，在被人拒绝了1009次之后，才找到愿意买他炸鸡配方的人。从此之后，他拥有了自己的餐厅，并且接二连三开了很多特许加盟店。

不得不说，山德士的精神值得我们每一个人学习。假如不是他勇敢地超越自己、挑战自己，他怎么可能以高龄重新创业呢！在接二连三的打击中，他始终相信自己，坚持克服困难，他的勇敢换来了他人生的成功。也许创业成功的人很多，但是这种历经艰难、始终不放弃而得到的成功，显得更加丰盈厚重，也更加闪耀着光辉。

生活中的年轻人，相比于山德士来说，又有什么理由谈放弃、谈害怕呢？现在的你还年轻，有无数的可能与机会，难道人生才刚刚开始的你就要过着一眼能望到头的生活吗？也许你又会说，我也想努力，想开创一番事业，但是我没有资本，其实，年轻本身就是资本，你需要做的是找准方向，为自己制订目标，有一个良好的心态，努力学习，不断充电，对自己想做的事情有一种强烈的欲望。如果你无限渴望去做某件事情，那全世界都会给你正能量。

志存远大，是一直被我们推崇的。但是在现实中，仅仅努力还远远不够。就如阿诺·施瓦辛格一样，如何开动脑筋，尽快突破小目标，实现大目标，才是年轻人最应该重点费心思考的问题。总结阿诺德·施瓦辛格的成功经历，我们可以给出这样一句话：从大处着眼，从小处着手，化整为零地循序前进。

无数的年轻人妄想着自己能一步登天，一夕成名，一下子便成为亿万富翁。有目标、有憧憬是好事，但善于规划才是硬道理。

年轻，没有理由不努力，与其在暮年擦拭悔恨的泪水，不如趁年轻努力一把。年轻人要敢想敢做，勇于付出，相信没有什么是做不到的，也没有什么事能够难倒年轻的自己。生命不息，奋斗不止，只要你还年轻，就大胆勇敢地向前冲，只要坚定信念，成功就在眼前。年轻人，只要梦想还在，那就在美好的岁月里保持前进的脚步吧！

大胆经营你的人生，掌控自己的命运

我们都知道，所有的成功者，他们的成功都来自勇气的激励，他们知道自己要什么，更敢于去追求自己想要的生活，也就是说他们有目标，他们的所有努力，从整体上来说都能围绕一个比较长远的目标进行，他们知道自己怎样做是正确的、有用的，否则就是做了无用功，浪费了时间和生命。显然，成功者总是那些有目标的人，鲜花和荣誉从来不会降临到那些没有目标的人的头上。

因此，我们每个人都要尽早励志，大胆经营自己的人生。然而，生活中的有些人，尤其是许多年轻人，总是认为自己年纪尚轻，励志为时尚早，而实际上，一个人只有尽早树立目标，才能尽早付诸行动，才能找到努力的方向。因为梦想不会凭空实现，不采取具体行动，就不可能有任何进步。

人只有树立了目标，内心的力量和头脑的智慧才会找到方向。目标是对于所期望成就的事业的真正决心。如果一个人没有目标，他就只能在人生的旅途上徘徊，永远到不了任何地方。正如空气对于生命一样，目标对于成功也有绝对的必要。如果没有空气，人就不能生存；如果没有目标，就没有人能成功。

任何人都要记住，人励志，一定要趁早，一个人，没有目标，就像断了线的风筝，不知前方的路该怎么走；一个人，没有目标，就像一艘没有舵的轮船，只能随波逐流。

纠结，只会失去行动最好的时机

现代社会，生活节奏加快，而且各行各业都处于飞速发展之中。社会日新月异，如果我们停滞不前，则无异于倒退。尤其是很多好机会都是转瞬即逝、千载难逢的，倘若有丝毫的犹豫和迟疑，就会错失良机，使失败如影随形。与惨败相比，更让人悲哀绝望的是毫无行动力。然而，依然有很多人得了行动拖延症，因为各种原因延迟展开行动，最终导致自己缺乏决断力和行动力，白白浪费了最好的机会。

生活中的每个人，都应该认识到机遇对于我们的重要性，如何抓住并利用机遇，其实考验的就是我们的勇气，当然，还需要我们有智慧的头脑，如果你是个什么都敢于尝试的人，那么，你是一个勇者，但如果你希望获得成果，那么，你还要有谋略，你要学会用智慧指导行动。要知道，机遇是个挑剔的女神，只垂青于肯动脑筋、爱用智慧的经营者。没有全面的素质和一双洞察机遇的眼睛，又怎么能够开启成功创富的慧泉呢？

为此，要锻炼自己的勇气，你可以向自己不敢做的事“下战书”，就是拿过去不敢做的事、曾经畏惧的事情“开刀”，克服自己的心理恐惧，扫除心里的“精神垃圾”，树立起信心。

也许到现在为止，你还有很多因为不敢做而没去做的事，那么，不妨给自己列个清单，挑战一下自己，每天，你都要将其中的一条画掉，每做一件不敢做的事，你就朝着勇敢更迈进了一步，成功就会向你招手。

其实，人的一生就是一场冒险，走得最远的人是那些愿意去做的人。我们每一个人都要相信自己能成功，要鼓起勇气，尝试第一步，这才是真正的勇者。

不敢冒险的人，永远不会成功

“石油大王”洛克菲勒曾说：“与其生活在既不胜利也不失败的黯淡阴郁的心情里，成为既不知欢乐也不知悲伤的懦夫，倒不如不惜失败，大胆地向目标挑战！”他这句话是要鼓励人们勇于改变安稳的现状、敢于冒险。事实上，我们也发现，洛克菲勒本人就是个野心勃勃的人。

1870年，标准石油公司成立，洛克菲勒任总裁，该公司资产100万美元。洛克菲勒放言：“总有一天，所有的炼油和制桶业务都要归标准石油公司。”公司主要负责人不领工资，只从股票升值和红利中提成。“不领工资只分红”这个制度创新一直影响着美国的企业，洛克菲勒正是因为拥有冒险的品质才建造了自己的“商业帝国”。

的确，人生的旅途中，不敢冒险的人、不敢真正跨出第一步的人最终的结果只能是使自己在给自己限定的舞台上越来越渺小。没有舞台的演员就像缴械的军人，被剥夺了笔的画家，成功只会离他越来越远。

据社会学专家预测，未来的社会将变成一个复杂的、充满不确定性的高风险社会，如果人类自由行动的能力总在不断增强的话，那么不确定性也会不断增大。生活中的人们，你应该意识到，各种变化已经在我们身边悄然出现，勇敢地投身其中的人也越来越多，如果你不积极行动起来，缺乏竞争意识、忧患意识，安于现状、不思进取，如果你还没被惊醒的话，就会被时代所抛弃，被那些敢于冒险的人远远甩在后面。当然，现阶段，你应该把眼光重点放在培养自己的冒险精神上。所以，从这一角度来看，敢于冒险也是有远见的表现，也是一种长远投资。

当然，风险越大，报酬越高。机遇稍纵即逝，优柔寡断，迟疑不决，将会错失良机。所以，你还需要有勇气。只有敢作敢为的人，才敢于承担责任和风险，才敢于直面困难和障碍、挫折和失败，才能抓住机遇获得成功。

义无反顾地前行，无论如何别失去勇气

有人说，成功永远只青睐勇者，因为勇气是任何事业成功的基础，任何人，无论做什么事，一旦缺乏勇气，就会被恐惧侵袭，自然一事无成。诚然，有些事情做起来并没有想象得那么简单，但同样，有些事也没有想象得那么难，很多时候，我们是被自己内心的恐惧给打败了，一旦怯懦，不敢去做，就会放弃目标，失去成功的可能。

心理学家通过研究发现，人们在没有经历一些事情的时候，总是会首先对自己形成一种心理暗示，如将一块宽30厘米、长10米的木板放在地上，人们通常都能够轻易地从上面走

过去，但如果把这块木板放在高空中，许多人就会因为恐惧而不敢迈步。这时人们往往会形成一种自我暗示：我会掉下去。在这样的暗示作用下，他们会感到恐惧，害怕自己真的会掉下去，虽然事实并没有发生，但是，他们内心还是会隐隐不安。

杰克·韦尔奇这个名字在美国早已家喻户晓，因为这个名字是与美国通用电气公司一体的，然而，谁也不曾想到的是，曾经的杰克·韦尔奇是个缺乏勇气的人。

他出生在一个典型的美国中产阶级家庭，父亲是铁路公司职工，养育孩子的任务自然就交给了母亲。与其他母亲不太一样，杰克·韦尔奇的母亲更关心孩子的能力和意志品质的形成。

母亲在孩子的教育上很权威，她一直认为韦尔奇应该成为一个独立、能干的人，她告诉韦尔奇在学习上不能依赖别人。每当韦尔奇的行为有所不妥，母亲总是以正面而有建设性的意见唤醒他，促使韦尔奇重新振作，母亲虽然话不是很多，但总令韦尔奇心服口服。

母亲一直抱持着这样的理念：坦率的沟通、面对现实、主宰自己的命运。她将这三门功课教给了韦尔奇，使得韦尔奇终身受益。

母亲告诉韦尔奇：“要掌握自己的命运就必须树立自信。”韦尔奇成年以后还略带口吃，但是母亲安慰韦尔奇：“这算不了什么缺陷，只不过思维比开口快了一些。”正是母亲给予的这份自信，让口吃不再成为阻碍韦尔奇发展的绊脚石，而且成为韦尔奇骄傲的标志。美国全国广播公司新闻部总裁迈克尔对韦尔奇十分钦佩，甚至开玩笑说："他真有力量，真有效率，我恨不得自己也口吃。"

中学时代的韦尔奇成绩就很好，本来可以顺利进入美国最好的大学，但是因为一些原因，他未能如愿，只是上了麻州大学，一开始，他感到很沮丧，但是经过一段时间的大学学习后，他很庆幸自己上了这所大学。后来，他这样谈论这段经历："如果当时我选择了麻省理工大学，那我就会被昔日的伙伴们打压，永远没有出头的一天。然而，这所较小的州立大学，让我获得了许多自信，我非常相信一个人所经历的一切，都会成为自信的基石，包括母亲的支持、运动、上学、取得学位。"

韦尔奇的大学班主任威廉这样评价他："他总是很自信，他痛恨失败，即使在足球比赛中也一样。"

1981年，韦尔奇成了通用电气公司历史上最年轻的CEO，自信也成为通用电气的核心价值观之一。韦尔奇这样说："所有的管理都是围绕自信展开的。"

生活中，有的人安于现状、不思进取、害怕失败，最终，他们永远滞留在没有成功的起点。而那些富于勇气的人，他们遇事不畏缩、不恐惧，即使内心隐隐不安也能勇敢地超越自我。这样的人，浑身充满了活力，能解决任何问题，凡事全力以赴，最终成为最伟大的胜利者。

歌德曾说：“你失去了财产，你只是失去了一点；你失去了荣誉，你失去了许多；你失去了勇气，你就把一切都失掉了！”我们每个人，都应该给自己一个准确的定位，然后朝着目标奋勇向前，从而让内心充满勇气、战胜内心的恐惧。要知道，人生路上，唯有勇气，才能助你披荆斩棘，否则，你就如在海上迷失方向的一叶扁舟，任凭风吹雨打，最终沉没在激流之中。

你可以深思熟虑，但不能杞人忧天

自古以来，我们就知道“失败是成功之母”的道理，然而，尽管如此，大多数人还是因为害怕失败而拒绝尝试，并且，他们还称自己是深思熟虑，他们认为需要将所有的因素考虑在内，其实，过多地考虑就成了杞人忧天。

的确如此，我们之所以碌碌无为，不是因为我们的想法太少，而恰恰是因为我们思虑太多。任何事情都有风险，就像股市里常年提醒股民“股市有风险，入市需谨慎”，即便如此，还是有一些胆大妄为的人义无反顾地进入股市，或者赚得盆满钵满，或者输得倾家荡产。当然，我们并非鼓励大家都像赌徒一样冒进股市，而是说，在做投资或者尝试一件事情的时候，一旦想好了，就应该马上实践，而不要瞻前顾后、犹豫不决。

需要注意的是，所谓的深思熟虑，指的是做事情之前的多方面考虑，而不是已经想好的事情犹豫再三、迟疑不决地不去做。深思熟虑的人并不缺乏勇敢果断，而杞人忧天的人却因为一些还没有发生的可能羁绊自己的脚步，使自己举步不前。做事情之前的深思熟虑和杞人忧天，是完全不同的。我们要深思熟虑，一往无前，而不要杞人忧天，裹足不前。

张数是某大学美术系毕业生，毕业以后，机缘巧合，他来到了现在这家公司，这是一家知名企业，不过，这家企业所招聘的岗位并不符合他的专业。当时，已经找工作几个月却处处碰壁的张数再也不想像无头苍蝇一样乱撞，他只想先安定下来再慢慢图谋。因此，就接受了这份工作。

一个偶然的机会，他发现，上学时同专业的李想居然也在此就职。两个大学同学意外在一家企业的同一部门相逢，也真是够巧的。

一次，公司聚餐，张数和李想碰面，两人一起喝酒，酒过三巡，两个人都微微醉了。张数问李想："你工作得快乐吗？"李想摇摇头，说："不快乐。对我来说，这份工作只是暂时糊口的。我的理想是咱们的绘画专业，我一定要成为一名画家。"

张数此时神情凝重，说："其实，我来的时候和你的想法是一样的，暂时糊口，然后去实现自己的画家梦。不过。这家企业很大，待遇也不错，我担心万一辞职了，又像毕业的时候一样找不到工作怎么办？万一，我在绘画的路上没有发展，碌碌无为怎么办？如果我从事绘画事业10年而毫无收获，那么就损失太大了，留在这个公司，10年之后，至少是个中层管理者，已经步入小康生活了！”

李想则很坚定：“不管怎么样，我不能放弃自己的梦想。况且，你有什么好担心的呢？连我都要去完成画家梦，你要知道，你可是我们班的才子啊！”张数久久没说话，似乎陷入了沉思。

半年之后，稍有积蓄的李想果然辞职了。他当了一名绘画工作者，工资比之前低了很多，但是每天都可以作画，做自己最喜欢也最擅长的事情。

转眼之间，10年过去，张数在公司已经升任主任，做着拼搏得有时候甚至完全忘记绘画的工作。一次难得的假期，他带着家人去法国旅行，无意间经过画展，不由得想起自己多年前的梦想。他情不自禁地走过去开始欣赏，突然，他看到一幅画的落款写着他熟悉的名字“李想”。他拿起电话拨打给李想，果然，这幅画的确是李想所作，李想还邀请他参加下个月将在成都举办的“青山绿水”个人画展。挂断电话，他茫然若失。近来，他常常觉得迷惘，生活需要的一切他似乎都有了，但是他再也没有时间拿起画笔。他到底得到了什么，又失去了什么？有一点他很肯定，如果当时他和李想一样辞职，去拿起心爱的画笔，那么他现在的成就一定不会比李想差。

很多时候，禁锢我们的并非外界，而是我们自己的内心。凡事都会有失去的，也会有得到的。没有人可以只得到，而从不失去。在权衡很多事情的利弊得失时，我们只需要想一想自己最想要的是什么，自己内心深处真正追求的是什么，就能够正确地作出取舍。世界上好东西那么多，那么多璀璨耀眼的成就，我们不可能全部拥有。既然如此，就珍惜我们生命中最宝贵的，我们深思熟虑之后最想做的。

总的来说，我们应该提前规划人生，给自己制订长远的目标，这是没错的。唯一需要注意的是，我们不能局限于很多未发生事情的细节，否则就会因为纠结导致杞人忧天、一事无成。这就像是一个人面对着有可能成功的机会，当然要预想最坏的结果，但是不要过多地考虑细节。只要觉得自己应该奋力一搏，就应该放开手脚努力去做。否则，再好的机会也会因为你的犹豫不决从指尖溜走，导致你无法更好地把控未来。

第2章

勇者无畏，战胜懦弱的自己

每个人都渴望成功，然而成功并不是一条风和日丽的坦途，它需要你有披荆斩棘和承受厄运的勇气。勇敢的人面前才有路，是否敢于拿出一点点勇气，往往成为成功者与失败者的分水岭。很多时候，成功的门都是虚掩着的，勇敢地去叩开成功之门，才能探寻出个究竟来。那时，呈现在眼前的将是一片崭新的天地。因此，我们可以说，成功的秘密在于勇者无畏，当然，对于现在，你应该鼓足勇气，立即去做，别再瞻前顾后，只有这样，你才更易受到机遇的垂青。

弱者自弱，强者自强

有人说，人生路上，都会不可避免地遭遇困境，这似乎是上天考验我们的方式。面对困境，有的人习惯抱怨，总希望上天能够眷顾自己，帮助自己摆脱困境，在这样逃避的心态下，他们变得越来越依赖、越来越堕落，成功也将离他们越来越远。其实，人生中的每一个困境都有它存在的价值，它是人生的支柱。因为困境，我们逐渐坚强，不再脆弱，并不被其击败、吓倒，最后，成就了自我。所以，我们应该感谢那些人生中的困境，它为我们提供了一次历练的机会，从而造就我们一次又一次的超越。我们先来看下面一则寓言故事。

有一天，有“森林之王”美誉的狮子来到天神面前，对天神说：“我很感激您赐予我如此雄壮威武的体格，如此强大无比的力气，让我有足够的能力统治这个庞大的森林。”天神听了它的话，微笑着问：“这可能不是你今天来找我的目的吧，看起来你似乎正在为某事而烦恼啊！”

狮子说：“天神啊，你真是太了解我了，我今天来的确是有事相求。尽管我的力量很强大，但是每天天亮的时候，我都会被鸡鸣声吵醒。神啊，祈求您，再赐予我一种力量，让我不再被鸡鸣声吵醒吧！”天神笑着说：“那么你就去找大象吧，它一定会给你一个满意的答复。”

狮子高兴地跑到大象身边，可是还没见到大象，狮子就听见大象在拼命地跺脚，发出“砰砰”的响声。狮子加速跑到大象身边，奇怪地问它：“你为什么要发这么大的脾气呢？”大象拼命地摇晃着它的大耳朵，吼道：“有一只讨厌的小蚊子，总是想钻进我的耳朵里，搞得我快要痒死了！”

狮子默默地离开了大象，心里想：“原来体形庞大的大象还会害怕一只小小的蚊子，那么我还有什么可不满足的呢？我应该感谢蚊子不来骚扰我才是啊！鸡鸣不过一天一次而已，而大象却在时刻被蚊子骚扰，这样看来，我幸运多了。”

在困境中，无论多么脆弱的生命，都可以创造出奇迹；无论生命多么艰难，都可以开创出全新的未来。那么，四肢健全的我们，遇到困境怎能绝望呢？智者说：“生命中真正重要的是从你的损失中获利。”愚者与智者的区别在于，后者更懂得感恩生命中出现的每一次困境，所以，他们最终能够获得自己想要的东西。

纪伯伦说：“除了通过黑夜的道路以外，人们无法达到黎明。”在生活中，困境是无可避免的，有可能是遭受打击，有可能是贫穷，有可能是事业不顺，有可能是婚姻不幸……其实，很多时候，我们忽视了这样一条真理：困境是一个人修炼的最高学府。那些取得成就的人，他们无一不承认困境是自己成功的基石。虽然，困境让庸者变得脆弱，但它会让强者变得聪慧。

毋庸置疑，只要我们活着，或大或小的困难就会如影随形。我们在生活中随时随地都会遇到困难。然而，因为每个人面对困难的心态不同，解决问题的决心不同，应对变化的反应不同，所以每个人在经历困难之后的结局也是完全不同的。

曾经，作为北京大学外语系教师的俞敏洪过着非常普通的生活。直到他身边的很多同学相继出国，俞敏洪才动了心思，也想去国外看一看，见见世面，获得更好的发展。为此，他当机立断，开始作出国的准备。然而，出国的费用很高，远远不是刚刚毕业不久的俞敏洪那点微薄的积蓄所能支撑的。思来想去，俞敏洪想出了一个挣钱的办法，那就是在校外兼职做家教，这样相当于多了一份不菲的收入。然而，正当俞敏洪在初秋的雨夜与朋友一起小酌，憧憬未来时，学校的高音喇叭突然响了起来。原来，学校已经知道俞敏洪在校外兼职的事情，而且因为他总是打着学校的旗号，决定给予他处分，以起到警示作用。从那个夜晚开始，这个处分连续在大广播里循环播放了三天，俞敏洪感到颜面全无，更无法坦然面对昔日的学生们。为此，他当机立断，决定辞职。现在看来，俞敏洪当初是被逼着离开北大的。不过，也正是这次辞职使俞敏洪的人生打开了新的天地。

辞职之后，俞敏洪更没钱出国了，为了挣钱，他决定下海。他凭借之前的培训经验，先是费劲千辛万苦地申请了一张开办私人学校的许可证，后来又租了一间小小的房子，自此，新东方培训学校诞生了。这所培训学校没有其他课程，专门培训英语。因为定位准确，再加上有俞敏洪此前积累的丰富人脉，所以很快就打开了局面，办得风生水起。现在，新东方已然成为中国首屈一指的英语培训学校，在国内外影响广泛。如今，已经功成名就的俞敏洪想起当年的经历，仍会感慨如果没有当初的背水一战，就不会有今日的新东方。

早在1000多年前，古人就提出了“破釜沉舟”“置之死地而后生”等道理。这些都是描述人们在绝境中的表现和结果的。项羽破釜沉舟，最终打败秦军，加速了秦朝的灭亡。无疑，这是强者在绝境之中成功逆袭的典范。为什么项羽在发动进攻之前要破釜沉舟呢？就是为了让全体将士没有退路，做到心中毫无障碍，专心一念，只想与秦军拼个你死我活。如果没有这样的气势，想必打败强大的秦军还要多费很多周折。

人生，既有一帆风顺的时候，也有狂风暴雨的时候。然而，只要活着，这个世界上就不会无路可走。越是艰难的时候，越是考验我们的意志力和人性。我们必须熬过最难的时刻，才能重新打开局面，走入人生的新境界。任何成功都不是无缘无故的，要想获得成功，我们就必须从最艰苦的地方做起，从最沉沦的地方展翅。是雄鹰，总有翱翔于高空的那一天；是条龙，就不会被永远地困在泥沼中。真正的强者，一定有着顽强的自信，哪怕是身处逆境，也绝不放弃。相反，越是艰苦卓绝的环境，越能表现出强者坚强不屈的心。当一件事情已经糟糕透顶，就不会再有更糟糕的情况出现。既然等待着你的都是好消息，都是好的转化，你又为何要灰心绝望呢？不管从哪个角度来说，对于强者而言，绝境都不是绝境，而是绝处逢生的好地方。

坐以待毙，不如奋起直追

生活中，我们常常听到这样的话，“说得好，不如做得好”“是驴子是马，拉出来遛遛”“出水才看两腿泥”，这些俗语都强调行动的重要性，然而，将行动放在第一位的前提是我们要有勇气，要克服懦弱。

的确，每个人都有自己的追求，或金钱，或名望，或权力，或爱情，或崇高的理想信念，等等。不同的是，有的人在追求的驱动下一往无前并成功了，而大多数人面临的不是止步不前就是难堪的失败，这是为什么呢？当我们观察那些所谓的成功人士的时候，你会发现他们身上有一个共同点——敢想敢做。当我们有一个好的想法，或当我们面临一项艰巨的任务时，不要畏惧，而是要迅速行动起来。瞻前顾后，谨小慎微，只会让你犹疑不前，只有行动起来，并不断进行调整，才能最终成就大事。

可以说，真正的勇者都是行动上的巨人，相反，也有不少人，他们夸夸其谈，但一到实施的时候，就畏首畏尾，害怕失败，要知道，“说一丈不如行一寸”。满腹的经纶或满口的爱心，如果不能化为实践，就有如敲锣一样，虽然很大声但不会感动人。

那一年，20岁的张楠大学毕业，幸运地进入政府机关工作。班里的同学们羡慕极了，要知道，这可是个地地道道的铁饭碗啊，以后能过安定平稳的生活了。然而，几年之后，张楠辞掉了这份工作，毅然决然地进入一家电脑公司。当时，电脑才刚刚兴起，所以身边的亲人朋友都很担心，劝说张楠不要辞职的也不在少数。但是张楠很坚定地说：“我的人生需要改变。”

进入电脑公司后，门外汉张楠从最简单的工作做起，每天在工作之余都要学习到很晚。为了让自己尽快熟悉电脑，她花光了所有的积蓄购置了一台电脑。看到张楠如此疯狂，就连父母都不理解。在很短的时间内，张楠对电脑越来越熟悉。很快，她就成了公司的业务骨干。因为之前在政府部门工作的时候积累了很多人脉，张楠发挥自己的优势，很快就为公司拿下了好几笔订单。就这样，几年过去，随着公司的发展，张楠成为公司的销售总监，主管公司在全国范围的销售情况。

生活中的我们每个人，都要向案例中的张楠学习，我们在追求梦想的过程中，也不必害怕，不要因为恐惧而裹足不前，不要当生命走到尽头时，才恍然大悟原来你可能有机会实现梦想，只是，你放弃了。有了梦想就不要空想，不妨勇敢地去实践生命的感觉！不要在意别人的嘲笑。如果没有勇气去大胆地尝试，你永远都不会知道自己的潜力有多大！

活在当下的人们，如果你希望自己成为一名成功者，那么，从现在开始，你就得放下空想，给自己规划一个详细的人生目标，并按照自己现有的条件去为之奋斗。只要你这么想了，也这么做了，那么你的人生最终就是成功的。否则，你永远只能“做梦”，而无法实现“梦想”。

古今中外每一个伟人，无一不是拥有超前的思想和超凡的行动力，并通过发挥自己的优势而赢得荣誉的。一句话，行动促就梦想。说一尺不如行一寸，也只有行动才能缩短自己与目标之间的距离，只有行动才能把理想变为现实。成功的人都把少说话、多做事奉为行动的准则，通过脚踏实地的行动，达成内心的愿望。

要知道，没有人能随随便便成功，要成功，就要突破，就不能安于现状。做到突破，就要从现在开始，一步一个脚印，逐步提高自己，抓紧时间，奋斗进取，你就能拼搏出属于自己的一片天地。同时，当你跨过人生的沟坎之后，你会发现，原来，一切困难不过是前进路上的小石子，轻轻一踢，它们就滚开了。

的确，“空谈误国，实干兴邦”。大到国家，小到个人，万事万物都得由小到大。或许你现在做着看似不着边、没有前景的工作，但我们要坚信，事物发展的道路是迂回曲折的，巴纳德说过：“机会只偏爱那些有准备的人。”成功的秘诀在于开始着手。现在就采取行动，决不拖延，行动高于一切！把握现在的瞬间，从现在开始做。心动不如行动。

“一切用行动说话”，这是我们每个人应该记住的，仅仅有理想是不够的，理想必须付诸行动，如果没有行动，那理想永远只是空想，只是空中楼阁、海市蜃楼，遥不可及。

生活中的人们，也许现在的你也有很多梦想，你可能希望自己能成为一个著名企业家、一名人民教师、歌唱家等，但无论如何，你要知道，理想不同于妄想和幻想，目标要切实可行，行动要脚踏实地。这样，你离你的梦想就不远了。

勇往直前，青春永远是勇者的代名词

古人云：“少壮不努力，老大徒伤悲。”这大概是很多年轻人听到的最多的教诲之一，这句话告诉我们要趁着年轻努力学习、奋力向前，这样到老了就不会徒留伤悲。

的确，生命短暂，岁月易逝。人的生命是非常短暂的，我们要抓住有限的生命，做更有意义的事情，可以说，青春本就是勇者的代名词，失败了也无所谓，大不了重来一次。

但丁曾说：“我崇拜勇气、坚忍和信心，因为它们一直助我应付我在尘世生活中所遇到的困境。” 人生幸福的获得是一个坎坷求索的过程，是对心智的涤荡。时时都拥有勇气面对生活的人，在他幸福人生的字典里没有退缩，只有拼搏。

有时困难在想象中会被放大100倍，事实上，走出了第一步，就会发现那些麻烦与困难有时只是自己吓自己。每个人的勇气都不是天生的，没有谁是一生下来就充满自信的，只有勇于尝试，才能锻炼出勇气。

“我们唯一值得恐惧的就是恐惧本身，那会让我们莫名其妙地胆怯，会让我们为前进所付出的努力付诸东流。”在哈佛学子的心中，美国总统罗斯福的这句名言一直鼓舞着他们面对一切压力与挑战。

不断进取，敢于面对一切困难，努力克服它、战胜它，这是生存的法则。相反，逃避是懦夫的作为，最终只能带来更多的危机。

一个人绝对不可在面对恐惧的威胁时，背过身去试图逃避。若是这样做，只会使危险加倍。但是如果立刻面对它毫不退缩，危险便会减半。任何人只要去做他所恐惧的事，并持续地做下去，直到获得成功的纪录做后盾，他便能克服恐惧。

恐惧是获得胜利的最大障碍。你若失去了勇敢，你就失去了一切。

现实中的恐怖，远比不上想象中的恐怖那么可怕。很多时候，成功就像攀爬铁索，失败的原因不是智商的低下，也不是力量的单薄，而是慑于自己心中的无形障碍。如果我们敢于做自己害怕的事，害怕就必然会消失。

克服胆怯的第一步就是去做你不敢做的事，大多数人在碰到棘手的问题时，只会考虑到事物本身的困难程度，如此自然也就产生了恐怖感。但是一旦实际着手时，就会发现事情其实比想象中要容易且顺利得多。

瞻前顾后，只会一事无成

很多时候，我们都有这样的想法：希望进入一家好的公司，希望自己在专业领域内有所建树，希望创业成功，等等。但是，有的人能够实现自己的愿望，走成功的人生；而有的人则不管怎么努力就是达不到自己的理想，过着不幸福的日子。约瑟夫·墨菲说："决定你命运的绝不是才能，更不是环境和外在条件，而是你的思考方式，即你的想法。"从现在起，想象自己想要成为什么样的人，然后让这种"心想"成为一种习惯，在潜意识强大的力量之下，自己真的会成为想象中的人。你想成为什么样的人，就努力去成为这样的人；你想成就什么事业，就马上去行动。为什么不呢？因为年轻就是资本。

麦克上小学六年级的时候，由于考试得了第一名，老师送给他一本世界地图，麦克十分高兴，回到家就开始翻看这本世界地图。然而，很不幸的是，那天正好轮到他为家人烧洗澡水，他一边烧水，一边在灶间看地图。突然，麦克看到一张埃及地图，原来埃及有金字塔、尼罗河、法老王，还有许多神秘的东西，他心想：我长大以后一定要去埃及。麦克正看得入神的时候，爸爸走过来了，他大声对麦克说："你在干什么？"麦克说："我在看地图。"爸爸给了他两个耳光，然后说："赶快生火！看什么地图！"然后，他又踢了麦克一脚，严肃地对麦克说："我给你保证！你这辈子绝不可能到那么遥远的地方！赶快生火！"

麦克呆住了，心想：爸爸怎么给我这么奇怪的保证，真的吗？难道我这辈子真的不能去埃及吗？20年后，麦克第一次出国就去了埃及，朋友都问他："你到埃及去干什么？"麦克说："因为我的生命不要被保证。"麦克跑到了埃及，当他坐在金字塔的最前面，他买了张明信片写了如下的话："亲爱的爸爸，我现在在埃及的金字塔前面给你写信，记得小时候，你打我两个耳光、踢我一脚，保证我不能到这么远的地方。"

人生的精彩源于梦想的精彩，你的行为决定成就的高度。其实，我们每个人都是自己命运的设计师。人生的道路该如何去走，向着什么方向去走，最终要实现什么样的目标……所有这些问题都应该是我们自己的立场，而不需要被别人保证。如果我们想去做事情，为什么不去呢？如果我们失去了尝试的勇气，那么一生也不会有什么大的作为。

诚然，我们在行动前要谨慎思考，但是，凡事都有两面性，优点和缺点会互相转化。做事谨慎是好事，但是，如果一个人做事过于谨小慎微，就会使自己的胆子越来越小，眼睁睁地看着机会从眼皮底下大摇大摆地溜走。很多时候，需要敢作敢为，换句话说，就是做事时要有一股闯劲，不能畏首畏尾。如果做任何事情，你都前前后后计算好了才去做，那么，恐怕机会早就被别人抢走了。

生活中有许多年轻人总是说："我想做……"但他们总是停留在口头表达，迟迟不肯行动，前怕狼后怕虎，又想去做，又担心失败，结果就是卡在那里。多年后，依然是平平庸庸，事业也不见起色。实际上，年轻人因为有年轻的资本，哪怕失败了也可以一切重来。如果你总是犹豫不决、怕前怕后，只会一事无成。所以，年轻人要珍惜自己的美好时光，想去做就去做，为什么不呢？

只要去做，没有什么不能

李嘉诚说："觉得自己做得到和做不到，其实只在一念之间。"在这个世界上，没有什么事情是不可能做到的，世界上的许多事情，只要你有信心去做，你就能成功。当然，我们需要在思想上挣脱“不可能”这个束缚，从行动上开始向“不可能”挑战，这样我们才能将“不可能”变成一切皆有可能。在这个世界上，一切皆有可能，只要我们敢想敢做，只要我们对自己充满信心，那些看似“不可能”的事情会成为无限可能，让“不可能”只出现在字典里，用信心去战胜现实。

如果有人说“水声可以卖钱”，你一定会说：“这是不可能的事情。”但是，在美国有个人用立体声录下许多潺潺的水声，复制后贴上“大自然美妙乐章”的标签高价出售，大赚了一笔。在日常生活中，许多事情告诉我们一切都是有可能的，在我们的字典里从来没有“不可能”这三个字。

诚然，我们会遇到许多困难与挫折，面对这些困境，许多人总是不由自主地说：“我不能……”在这样一种心理的影响下，他们不敢正视现实中的挑战，对自己缺乏信心，最后导致自己的潜力并没有得到充分的发挥。其实，许多人之所以不能成功就在于缺乏自信，总是被“我不能”所左右。所以，不妨试着把“我不能”埋在地下，相信自己，为自己加油鼓劲，用积极乐观的心态来面对一切，这样困难与挫折就会迎刃而解。

有一天，贝勒夫人给学生们带来了特别的一节课。开始上课了，贝勒夫人首先让学生们在纸上写出自己不能做到的事情，一个10岁的女孩子这样写道：“我无法完整地背出太长的课文”“我不会骑脚踏车”“我不知道怎样才能让别人喜欢我”……虽然她已经写了半张纸，却丝毫没有停下来的意思，仍认真地写着。贝勒夫人也忙着写自己不能做到的事情：“我不知道如何让孩子的家长都来”“我不知道怎样帮助玛丽提高她对数学的兴趣”等。过了10多分钟，许多学生都已经写满了一张纸，有的学生准备打开第二张纸，不过，贝勒夫人及时制止了这一行为：“同学们，写完一张就行了，不要再写了。”学生们按着贝勒夫人的指示，把那些写满“不可能做到的事情”的纸对折，然后按顺序来到讲台，把纸放进一个空的鞋盒里。

等所有的字条都放进去以后，贝勒夫人把自己的字条也放了进去。然后，她将盒子盖上，夹在腋下领着学生走出了教室，路过杂物室的时候，贝勒夫人找了一把铁锹，领着学生来到运动场，她挑选了一个最边远的角落，开始挖坑。10分钟后，坑挖好了，贝勒夫人吩咐学生将那个鞋盒埋在“墓穴”里，贝勒夫人神情严肃地说：“孩子们，现在请你们手拉着手，低下头，我们准备默哀。朋友们，今天我很荣幸能够邀请到你们前来参加‘我不能’先生的‘葬礼’，‘我不能’先生在世的时候，曾经与我们的生命朝夕相处……您的名字几乎每天都要出现在各种场合，当然，这对于我们来说是非常不幸的……我们更希望您的兄弟姐妹‘我可以’‘我愿意’‘我立即就去做’等能够继承您的事业……愿‘我不能’先生安息吧，也祝愿我们每一个人都能够振奋精神，勇往直前！阿门！”

接着，贝勒夫人带着学生回到教室，还举办了一个庆祝活动。贝勒夫人用纸剪成了一个“墓碑”，上面写着“我不能”，中间则写上“安息吧”，下面还标明了日期。贝勒夫人将这个墓碑挂在教室中，每当有学生无意中说“我不能”的时候，贝勒夫人就会指着这个“墓碑”，学生们便会想起“我不能”先生已经死了，进而想出解决问题的办法。

永远不要让“不可能”禁锢自己的手脚，对自己要充满信心，随时为自己加油，勇敢地向前迈一步，坚持到底，那么，“不可能”就变成“一切皆有可能”。不可否认，为自己加油是找回自信的最佳途径。我们要不断地为自己加油，告诉自己“我一定能行”，通过肯定自己来不断地增强自己奋力向前的信心，从而获得成功。

无论是生活中还是工作中，我们都难免会遭遇坎坷、曲折、磨难，这时，我们会感到痛苦、迷茫，但是，这些都不是最可怕的，可怕的是自己先否定了自己，自己摧毁自己。

所以，在这关键时刻，更需要相信自己，为自己加油，要坚信命运的钥匙永远掌握在自己的手中。摔了跟头，应该立即爬起来，为自己鼓劲，为自己喊声“加油”；当我们取得一次小成就的时候，应该对自己说“我真棒”；当困难来临的时候，记得给自己打气，对自己说“我一定能行”。那些能为自己加油、喝彩的人，他们一定会成为生活中的强者。

机遇转瞬即逝，该出手时就出手

现代社会，越来越多的人意识到机会的重要性，与此同时，他们也把自己身边很多成功人士的成功归结于好运和抓住了千载难逢的好机会。那么，倘若你当时正如那些曾经平凡的成功人士一样，为何你没有抓住机会呢？由此可见，成功人士之所以能够抓住转瞬即逝的机会，是因为他们有立即行动的勇气，所以才不会让任何机会悄然从身边溜走。

其实，机遇对任何人都是平等的，能不能抓住它，主动权在自己手里。机遇在人的一生中扮演着重要的角色，机遇无处不在。抱怨没有机会的人，实际上是一群不善于识别机会和发现机遇的人，他们总是在仰望远处的高山，却忽视了脚下的矿石。

很多年之前，在美国，一个珠宝店的老板因为发现了一个不起眼的机遇而获得财富的垂青。

当时，大西洋底的一根电缆破损了，出于安全考虑需要更换，这一消息传遍了商界，但没有引起人们的注意，除了这位老板。

这位老板的行为有点古怪，让他人无法理解：他关起店门，将那根电缆洗净、弄直，然后剪成一小段一小段的金属段装饰起来，作为纪念物出售。

大西洋底的电缆纪念物，这多么新奇啊！就这样，他利用新奇的方式发迹了，随后，他又做出一个惊人的投资行为——买下欧仁皇后的一枚钻石，淡黄色的钻石闪烁着稀世的光彩。人们不禁要问：他是自己收藏还是高价专卖？然而，他的做法更新奇，他筹备了一个首饰展示会，观众当然是冲着皇后的钻石而来。

可想而知，梦想一睹皇后钻石风采的参观者会怎样蜂拥着从世界各地接踵而至。他几乎坐享其成，毫不费力就赚了大笔的钱财。他就是美国赫赫有名、享有“钻石之王”美誉的查尔斯·刘易斯，一个磨坊主的儿子。

目光敏锐、头脑灵活的人，总能在机会的身影还若隐若现时，就作出自己的判断，并大胆地行动。查尔斯·刘易斯的成功，正是如此。他判定一根报废的电缆中蕴含着巨大的商机，把这次机遇当作自己事业腾飞的平台，乘着机遇的东风冲天而起，在商海大展身手。

因此，你不要总是抱怨没有好的机会降临在你身上，不要总想着会有兔子撞到你面前。成功的机会无处不在，关键在于你是否能紧紧地抓住。聪明的人能从一件小事中得到大启示，有所感悟，化成成功的机会；愚笨的人即使机会放在他面前也不知。

生活中，很多机会转瞬即逝，一眨眼，就再也找不到了。因此，就像一首歌唱的，该出手时就出手。

贞贞和艳艳是一对南下打工的姐妹，二人高中毕业以后，就来到广州一家服装厂打工。

贞贞在进工厂半年后，就萌生了创业的想法，她打听了下，如果回家创办工厂有政策支持。贞贞赶紧把这个好消息告诉了艳艳，并且提议一起回家办厂，与现在的服装加工厂合作。

听了贞贞的提议后，艳艳一开始也很兴奋，但第二天就犹豫起来。艳艳有很多担心：担心本钱凑不齐，担心招工的问题，担心赔钱，担心找不到合作单位……对此，贞贞却很有信心，她说："我们自己是从什么也不会开始学的，现在带领姐妹们做得很好。只要咱们加工的服装质量过关，不愁找不到合作单位。而且，我爸说家里的政策现在很支持办厂，因为可以解决一部分就业问题，就连本钱都可以无息贷款呢，这是多么好的机会啊！"

在对形势进行透彻分析之后，贞贞毫不犹豫地回家办厂了。艳艳呢，因为心里始终患得患失，下不定决心，所以继续留在厂里做工。

转眼间，3年的时间过去，艳艳回家探亲的时候发现，3年后的贞贞已经和她完全不一样。贞贞的工厂借着好政策，顺风顺水，目前已经有100多名工人，和广州的好几个服装厂签订了合约，还准备再次扩建呢！因为给乡里解决了百十号人的就业问题，现在的贞贞不但挣得盆满钵满，而且很有身份。再看看自己，还是当时的小组长，还是3年前的老样子，艳艳后悔极了，如果当时她和贞贞一起回来办厂，那么现在肯定至少是个副厂长。

正如有个名人所说的，机遇永远伴随着风险。如果有10%的机会，我们可以尝试；如果有30%的机会，我们应该努力去做；如果有50%成功的可能，我们就应该毫不犹豫，勇往直前。在没有真正去做一件事情之前，没有人知道结果是什么。所以，我们永远无法确定一件事情的后果。很多时候，事情的发展把握在我们自己手中。

我们所生活的世界无时无刻不在发生变化，而机会也就藏于变化之中。社会发展是大环境，身边事物的变化是小环境，只要你能认识到环境的变化会产生出许多成功的机会，并细心地观察寻找，你就会发现能够改变一生的机会。

第3章

在恐惧中坚持前行，在迷茫中认清自我

我们都知道，梦想的实现并不是一蹴而就的，而是需要我们付出艰辛的努力，在这个过程中，我们难免害怕、迷茫和恐惧、不知道前方的路到底该怎么走。假如我们能认清自我，真正了解自己的喜好、梦想、目标、特长等，那么，我们就能根据自己的特点进行目标制订和规划，我们的行动就有了指引，也就能将恐惧化为行动，我们就能一步步朝着梦想迈进。

全力以赴，向目标进发

有人说，人生就如同一艘航行在大海上的船，虽然有时会一帆风顺，但也难免会遇到惊涛骇浪，能不能成功到达人生彼岸，完全取决于我们是否全力以赴奔向终点。

在生活中，很多人都想成功，但失败者居多，成功者很少，而对于成功者来说，他们不是想要成功，而是一定要成功。他们不是努力尝试，而是竭尽全力获得最好的结果。当你把帽子扔过了墙，让自己没有退路的时候，你的潜能才可以真正被激发出来，之后你所感受到的则是竭尽全力后的喜悦。

的确，用力做事，可以把事情做完；用脑做事，可以把事情做对；用心做事，才可以把事情做好。当我们对自己目前担负的任务给予100%的精力，并用力、用心之时，你所取得的突破往往会是惊人的。

有人说，世界上有三种人：第一种是以尝试的心态做事的人，他们总是带着怀疑和不确定的心态看待事物，因此很难取得成功。第二种是尽力而为的人，他们能够努力做事，但是遇到一点挫折就会给自己寻找退路，以“我已经尽力”作为失败的借口，他们有可能会成功，但概率较小。第三种是做事全力以赴的人，为了在这个竞争激烈的社会中谋得一席之地，他们会不惜一切代价，克服所有的困难和障碍，最终取得应有的成功。他们清楚地知道自己需要什么，以及自己要怎样做才能成功，他们一边努力一边积累经验，不会给自己的失败找借口，只会想如何去解决问题，因为他们深信，只有全力付出才能得到回报。

只有全力以赴去做事的人，才能将人生路上的每一个困难都踩在脚下，成功必然属于他们，他们不会为自己留退路，也不允许自己有退缩的借口，他们只会不断努力，克服一切困难和障碍，最后心安理得地告诉自己："我的成功是因为我尽全力去付出。"

总之，你的人生取决于你所作的决定，以及你做事的态度。不管你现在的境遇怎样，命运将从你决定竭尽全力去奋斗的那一刻起开始改变。

你不敢超越，就会重复"跳蚤的悲剧"

行动的欲望和潜能被自己的消极思维定式扼杀，科学家把这种现象称为"自我设限"。

在生活中，许多人不敢追求成功，原因并不是追求不到成功，而是他们在还没有开始追求之前就在心里默认了一个"高度”，这个高度常常暗示自己：成功是不可能的，是没办法做到的。这就是自我设限。

“心理高度”成为人们无法取得成功的根本原因之一，自我设限是一件很悲哀的事情，跳蚤并非失去了跳跃的能力，而是它们在受挫之后变得麻木。所以，我们要将成功的信念注入血液之中，不断地告诉自己“我能行”“我努力就一定能成功”“我是最优秀的”，不断增强自信心，勇于向成功奋进。如果你不逼自己一把，那你根本无法想象你是多么地出色。

著名撑竿运动员布勃卡有句名言：“纪录就是用来打破的。”多么狂妄而又多么让人心潮澎湃啊！他不断打破自己创造的记录，不断突破人们心目中运动的极限。因为陶醉于突破人体力的极限，他没有高处不胜寒的孤寂，忘记了身体上的劳累与痛苦，他才创造了一个又一个不可思议的纪录，突破了公认的体力极限。在挑战与突破极限的束缚过程中，他自然也就有了非凡的撑竿成绩，有了别人无法比拟的超高水平。摆脱不了思想的禁锢，人们永远不可能有进步。

摩托罗拉的一名主管声称：“得美国国家品质奖，有一种金钱买不到的奇效。”这就是目标的效力，有什么样的目标就有什么样的人生。目标使我们产生积极性。

心理学家告诉我们，很多时候，人们不是被打败的，而是他们放弃了心中的信念和希望，对于有志气的人来说，不论面对怎样的困境、多大的打击，他都不会放弃最后的努力。因为成功与不成功之间的距离，并不是一道巨大的鸿沟，它们之间的差别只在于是否能够坚持下去。

的确，进取心是一切成就的前提，人的欲望是没有止境的，人可以取得的成功也是不可限量的，到了一个高度，你可以到达一个更高的高度；取得了一次辉煌，你可以取得更大的辉煌。所谓“逆水行舟，不进则退”。当别人以火箭的速度快速进步的时候，如果你还以蜗牛的速度慢慢爬行，即使你刚开始将人远远地落在后面，但总有一天别人会超越你，到时候，你所有的成功和辉煌，都将永远成为过去，不会再有人记起。

因此，我们每个人都应该明白突破自我的重要性，并且敢于释放自己、改变自己、积蓄力量，只有这样，才能在机遇来临时一飞冲天。

你应该听从自己内心声音的指引

有人说，这个世界上，最聪明的人，都是懂得按照自己的禀赋发展自己的人，他们懂得跟随内心声音的指引，因为只有这样，他们才会迸发出源源不断的热情，才会不断地超越心灵的绳索，才会成就自我。哲学家叔本华曾说：“人虽然能够做他想做的，但不能想要所想要的。”人生自然应该去做自己想做的事情，因为意志，这一切都会成为可能。

生活中，几乎所有人都想功成名就、实现梦想，实现自己的人生价值，然而，当你问他们想成为什么样的人、要做什么事时，他们迷茫了，没有梦想，就没有目标，更别说具体的行动方向。因此，你首先需要看清自己的内心，对自己进行一番了解，找到自己的兴趣所在，然后朝着梦想不断奋进。

事实上，我们每个人都要对自己进行清晰的剖析，包括优点、缺点，然后才能确定自己的目标。然而，不少人在这一点上常有跟风心理，例如，看见有些女孩喜欢追星，就希望成为明星；有的男孩看到别人经商发财，也想要经商。当然，不少人思想不够成熟，尤其是年轻人，他们经常更换目标，其实，这是成功的大忌，我们首先应该听从自己内心的声音，并以强劲的意志坚持到底。

小李的父亲是一家民营服装企业老板，小李大学学习的是营销，毕业后，他的父亲希望他子承父业，来自家工厂学习服装营销，以后好接手自己的生意。

然而，小李一点也不喜欢这样的工作，但是他不希望父亲不开心，所以还是应承了下来，他每天都在办公室偷懒晃荡，只要做完自己的工作，他就撒手不管。有时候，他干脆玩失踪，根本不来公司上班。父亲觉得儿子真是没出息，在那么多员工面前，儿子真是将自己的脸丢光了。

有一天，小李主动对父亲说："爸，我不想在厂里工作了，我想去一家机械工厂做技工。"出去当工人？自己没听错吧？难道让儿子读那么多书就是为了当个技术工人？父亲非常震惊，也很生气，自然也不同意。

不过，小李还是决定这次要自己拿主意。在机械厂，小李感觉浑身有劲，也很努力，尽管他皮肤变黑了，也粗糙了，但是他很开心，因为他不只是在机械厂上班，还在学习工程学上的知识，他开始认真研究各种发动机，并学以致用。

后来，他顺利考入国内某知名大学，攻读工程硕士和博士，如今的小李，已经是某建筑公司的工程顾问。

这里，小李并没有因为父亲的期望而改变自己最初的想法。假如他看不起自己的兴趣，就有可能让自己的人生失败。假如他留在父亲的工厂，那么，后来他会怎么样？也许他有一份不错的收入和物质生活，但是他想必不会快乐，也不会实现自己真正的价值。

正在择业的你，如果家人建议你去考公务员，而你更喜欢捣鼓那些汽车零件，那么，你会怎么选择呢？有年轻人曾经这样苦恼："我很想成为一名自由撰稿人，但是我的父亲希望我去当牙医，我该怎么办呢？"其实，他应该明白一点，别人的期望，不能成为你被迫选择的理由。

只要你清楚自己内心真心想要的，就要大踏步走下去，并且切断自己的退路，因为此时的你只有孤注一掷，才能为梦想不遗余力，努力实现自己的梦想。

那么，生活中的人们，如果你正在为梦想奋斗和拼搏，你又是否曾怀疑过自己的选择和后悔曾经的决定呢？如果是，你将永远一事无成，因为这个质疑会阻碍你去完成梦想，最后你将失去尝试的勇气而不愿意再跨出下一步。假如你开始质疑自己的梦想是否可以实现，那你将失去追求梦想所需要的动力。

找到自己的人生定位，实现自己的梦想

现代社会，发展非常迅速，任何人要想在人生中有所收获并成就自己，前提都是要了解自己的人生定位，知道自己努力的方向，假如一个人始终找不到自己的人生方向和目标，那么，他这一辈子很有可能就与成功无缘。因为任何行动，如果没有一个明确的指引方向，都是无意义的。

一个人在这个世界上，最重要的不是认清他人，而是先看清自己，了解自己的优点与缺点、长处与不足等。搞清楚这一点，就能充分认识自己的优势与劣势，能够在实践中发挥优势，否则，无法发现自己的不足，就会使你沿着一条错误的道路越走越远，而你的长处却被你搁浅，你的能力与优势也就受到限制，甚至加重自己的劣势，使自己处于不利的地位。所以，从某种意义上说，能否认清自己的优势，能否对自己有个准确的定位，是我们能否成功的关键。

的确，无数成功者为着自己的事业，竭尽全力，奋斗不

息。然而，很多成就卓著的人士之所以成功，首先得益于他们充分了解自己的长处，根据自己的特长来进行定位或重新定位。

甲骨文公司的创建者埃里森没有显赫的身世，甚至可以说出身卑微。1944年，他母亲19岁时生下他，又遗弃了他，全靠姨妈把他抚养成人。在埃里森的记忆里，只与母亲见过一面，知道她是犹太人，而父亲的身份至今还是一个谜。不知是否和身世有关，埃里森的坏脾气臭名远扬，“骄傲、专横、爱打嘴仗”成了埃里森的代名词。

“读了三所大学，没得到一个学位文凭”“换了十几家公司，还是一事无成”，直到32岁，埃里森才以1200美元起家，创造出“甲骨文奇迹”。

埃里森是推销高手，他不只直接推销产品，更聪明地为产品的市场环境造势。他到处宣传关系数据库的概念，称其可以加快数据处理效率，容纳和管理更多的数据。与此同时，每次埃里森推介演讲时，题目经常是“关于数据库技术的缺陷”，然后紧跟着介绍甲骨文是如何解决这些问题的，当场演示，让人们印象深刻。可以说，埃里森成功靠的不仅是技术，更多的是市场推销。

埃里森懂得抢先占领市场的重要性，研制产品并将其卖出去是最主要的事情，其余的事情都不重要。甲骨文公司的发展策略是：拼命向前冲，拼命兜售ORACLE的产品，扩大其市场占有率。

他培养了一批“狼性”十足的销售人员。这些人员的贪婪和竞争本能得到了最大限度的调动，继而转化为不可思议的战斗力，最终转化为不可思议的业绩。ORACLE的销售部门不是一个“懦夫待的地方”，它是一个竞技场。疯狂追逐胜利的“疯子”在ORACLE会成为吃香的人，发挥平常的人则不受待见，甚至被迫卷铺盖走人。

这就是埃里森的精神，他的成就是，2007年福布斯全球富豪榜第11名，上榜资产215亿美元。

很多成就卓著的人士的成功，得益于他们充分了解自己的长处，根据自己的特长来进行定位或重新定位。松下幸之助曾说，人生成功的诀窍在于经营自己的个性长处，经营长处能使自己的人生增值，否则，必将使自己的人生贬值。他还说，一个卖牛奶卖得非常火爆的人就是成功的，你没有资格看不起他，除非你能证明你卖得比他更好。可以说，埃里森在读书这一点上并不擅长，但他擅长推销，擅长培养人才，他就是一个特立独行的创业者。

成功学专家A.罗宾曾经在《唤醒心中的巨人》一书中非常诚恳地说：“每个人都是天才，他们身上都有着与众不同的才能，这一才能就如同一位熟睡的巨人，等待我们去为他敲响沉睡的时钟……上天也是公平的，不会亏待任何一个人，他给我们每个人以无穷的机会去充分发挥所长……这份才能，只要我们能支取，并加以利用，就能改变自己的人生，只要下决心改变，那么，长久以来的美梦便可以实现。”

生活中的人们，根据自己的优势努力，不但有助于我们在奋斗中保持一种正面的积极态度，还有助于我们拥有积极的行动，优势无疑是一把利器。

突破内心的恐惧，让你的潜能爆发出来

一只鸟的翅膀再大，如果不努力振动，又怎能展翅高飞呢？一个人的才能再高，如果不努力拼搏，又怎能走向成功呢？一个国家的物产再丰富，如果不努力发展，又怎能屹立于世界民族之林呢？这一切都说明：再伟大的目标也要建立在行动的基础上。其实，对于梦想的实现也是如此，每个人的内心深处都埋藏着黄金，唯有我们突破内心的恐惧，才能化想法为行动，才能让我们释放潜能、让我们发光发热。

从人的本性来说，对未知感到恐惧是一种本能的反应，因此人们总是害怕未来，也不愿意尝试和冒险。殊不知，人类的历史进程之所以不断推进，就是因为总有一些先驱者能够不断挑战，他们敢于突破自我，也敢于作为人类的先驱和表率，更无畏失败，所以才能最终博得人生的不断创新。倘若每个人都明哲保身，也不愿意冒险尝试，那么整个人类的发展进程都会滞缓。尤其是在人们的退缩中，虽然避免了失败，但是也同时

失去了成功的机会，由此导致人生止步不前。让人感到欣慰的是，不管世界上有多少胆小怯懦的人，还有很多人依然冒险前进，甚至不惜牺牲自我，也要勇于尝试、勇敢创新。如提出地心说的哥白尼、伽利略，如不畏惧宗教势力的路德、加尔文，如提出相对论的爱因斯坦……这些伟大的人物之所以能够青史留名，就是因为他们敢想敢做。

因此，我们每个人要想成功，就应该做到敢为人先，就要认识到行动的重要性。现代乃至未来社会，执行力就是竞争力。成败的关键在于执行。

杰克·韦尔奇曾如此说道：如果你有一个梦想，或者决定做一件事，那么，就立刻行动起来；如果你只想不做，是不会有所收获的，而你也只会落得失望的结果。

人间的事情没有一件绝对完美或接近完美，如果要等所有条件都具备以后才去做，只能永远等待下去。如果一个人一直在想而不去做的话，根本成不了任何事。

总之，你需要记住，千里之行，始于足下；不积跬步，无以至千里；不积小流，无以成江海。凡事要想做大，都得从小处做起，从眼前最基本的事物做起。如果一个人心里有远大的理想，却不愿意一步一步去努力，那他永远也不会有美梦成真的那一天。

你只有靠自己的能力才能改变命运

人生是一场漫长的旅途，走在漫漫人生路上，每个人都会看到不同的风景，最终也会抵达不同的人生目的地。但无论如何，我们都是这场旅途的主人翁，我们的命运也掌握在自己手里，只有我们自身强大起来，我们才能坦然面对人生的风雨泥泞和坎坷，才能最终成就辉煌的人生。

现实生活中，偏偏有很多人把希望寄托在他人身上。诸如很多年轻人在父母的供养下大学毕业后，还希望父母能够继续资助他们买房结婚等，有了孩子之后，也要求父母必须帮助他们养大孩子。还有些人在工作中始终无法独当一面，也是因为一直不给自己锻炼的机会，做任何事的时候都要亦步亦趋地请示领导，从而避免自己承担责任。试想，假如领导愿意事必躬亲，又何需这些下属呢？

其实，每个人的救世主都是自己。假如依赖成为习惯，人们在遇到任何问题时都第一时间想到别人的援助，那么最终只会丧失斗志，也不再有独立自主的精神。要知道，别人的慷慨帮助也许能够帮助我们暂时摆脱困境，但是要想拥有坚强独立的人生，只能靠我们自己。

人必须为自己找到活路，否则一味地依靠他人的帮助，最终只会让自己一事无成，也不能承担生活任何的压力。面对那些成功的人，我们应该扪心自问：我们并不比他们差，为何就不能凭借自身的努力获得成功呢？很多时候，那些成功人士经历坎坷，人生也并不如我们平顺，但是他们往往能成功逆袭，最终获得成功的人生，就是因为他们找到了自己的活路，也能够拯救自己于命运的深渊。

很久以前，有个走投无路的乞丐来到深山里的寺庙乞讨。不想，原本宅心仁厚的方丈在看到乞丐之后，非但没有马上施舍给他，反而指着寺庙前面的一堆砖面色严肃地说："你把这堆砖搬到后面院子里吧！"乞丐为难地说："但是我只有一只手，怎么能搬砖呢？你如果不想施舍我可以直接说，不用故意捉弄我。"方丈一言不发地单手拿起一块砖，说："谁说一只手就不能搬砖呢？只不过一次搬得少，要多跑几次而已。想做的话，一定能够做到。"就这样，乞丐每次只能拿起一块砖，在烈日下足足忙碌了四五个小时，才把砖全都搬到后院。这时，方丈看着大汗淋漓、满脸脏污的乞丐，拿出一条雪白的毛巾湿润之后递给乞丐，让乞丐清洁自己的脸和手。等到乞丐擦拭干净脸和手之后，方丈慷慨地拿出100元递给乞丐，乞丐没想到方丈会给他这么多钱，因而连声道谢。方丈却面色平静地说："你不用谢我，这是你的劳动所得。"

过了几天，寺庙里又来了个乞丐。方丈把乞丐带到后面的院子里，指着那堆前几天刚被搬过来的砖对乞丐说："你先帮我把这堆砖搬到屋子前面的空地上。"尽管这个乞丐双手健全，但是他对方丈不屑一顾地哼了一声，就离开了。这时，徒弟疑惑地问方丈：“师傅，您这堆砖到底想放在屋子前面还是后面院子里呢！这可是您前几天刚刚让前一个乞丐从屋前搬过来的呀！”方丈笑着说：“这堆砖放到哪里都行，重要的是必须在乞丐搬砖之后，才给予他们施舍。这样他们才能知道不劳而获并非长久之计，只有依靠自己的劳动赚取收入，才能彻底改变命运。”

几年之后，一个西装革履的人来到寺庙，出手阔绰，捐了很多香火钱。方丈对这个人表示了感谢，这个人却说：“师父，是您让我有了今天，该是我感谢您才对。”这时，方丈才看到这个人有一只西服的袖洞里是空的。原来，这就是当年在方丈的教诲下搬砖的独臂乞丐，如今的他已经小有成就，彻底改变了命运。

在这个事例中，方丈无疑深谋远虑，他正是靠那堆砖来点化每一个前来乞讨的乞丐。那个最终仅靠着一只手成功把砖搬到后院的乞丐，如今凭着独臂打出了人生的新天地。而后来的那个身体健全的乞丐却不屑于搬砖，只想着不劳而获，人生的悲惨也可想而知。

对于任何人而言，人生都应该是靠自己的双手创造出来的，若则一味地乞求得到他人的施舍，妄想不劳而获，根本不可能获得成功的人生。一个人要想傲然屹立于世，就一定要树立坚定的信念，依靠自己的力量获得成功。归根结底，只有我们自己才是命运的主宰，外界的力量和影响即使再强大，也无法超越我们内心的力量。从这个角度而言，假如我们想要获得成功的人生，就应该像那个独臂乞丐靠自己的力量改变命运。

总之，我们生活中的任何人都要记住，不管我们的处境多么艰难坎坷，我们都应该坚定不移地依靠自己的力量，始终心怀希望，向着美好的未来不懈奔跑。最终依靠自己蹚过苦难的我们，也必然拥有更加强大的内心、更加坚定的信念，从而使我们的人生拥有比他人更多的灿烂辉煌。

第4章

人生该走的弯路，你一步都少不了

成功，从来都不是一件容易的事，所以不少人在追求梦想的过程中因为困难、挫折、逆境而放弃了，一些企图寻找捷径的人也以失败告终。实际上，成功就是不断奋进、克服困难的过程，只要不断地往前走，只要你专心致志，走好脚下的路，成功也许在不经意间就向你招手。

努力向前，不要奢望捷径

生活中，每个人都想让自己的人生活得成功，披上荣耀的光环。然而，任何时候都是一分耕耘一分收获，我们要想得到，首先应该脚踏实地地付出。如果你在没有付出的情况下，就想要拥有金钱名利，甚至不择手段地踩着他人的肩膀往上爬，则让人感到可怕。命运总是公平的，对于任何人，命运都没有捷径可以提供。要想获得成功，我们不但要付出汗水和泪水，甚至要付出自己宝贵的生命。对待成功，唯有虔诚，我们才能越走越近。从现在开始，就让我们踏踏实实、一步一个脚印地朝前走吧！只要你坚持不懈、持之以恒，你最终一定会拥有成功。

有人问洛克菲勒："成功的秘诀是什么？"他说："重视每一件小事。我是从一滴焊接剂做起的，对我来说，点滴就是大海。"年轻人，你们也应记住洛克菲勒成功的秘诀，从现在起，对生活和学习上的每一件小事，都要持认真的态度。

世界上许多伟大的事业都是由点点滴滴的细节小事汇集而成的。在小节上能够表现好的人，他在成功之路上一定会少许多漏洞。相反，如果一个人不能关注细节问题，往往会因小失大，自毁前程。完美的细节代表着永不懈怠的处世风格，也是一个人追求成功的资本。

台湾首富王永庆从小家境贫寒，不得不早早辍学做生意。他先是给别人打零工，等到了16岁的年纪，已经满肚子生意经了。于是，他离开老家，去了嘉义开米店。当时，嘉义城很小，但是有大概30家米店，因而竞争特别激烈。那个时候，王永庆资金短缺，租不起繁华地段的门面房，只好在偏僻的巷子里开了小小的米店。由于他的米店开业最晚，店面也小，大多数人根本不知道王永庆米店的存在。刚开张时，米店生意冷清，门可罗雀，别说赚钱，连维持基本的开销都不可能。为了扩大销路，王永庆不得不背着米挨家推销，然而这个办法并不高明，因为那些家庭主妇都习惯在固定的店面买米，也不愿意相信走街串巷的小商贩。王永庆眼见着这条路走不通，因而继续想办法，发誓一定要改变局面，打开销路。

经过一番仔细观察和思考，王永庆发现了一个常人没有留意的问题。原来，当时的台湾农业还处于原始的手工业状态，农民们辛辛苦苦种地收割之后，根本没有时间和精力把大米里的小石子等杂物捡出来。为此，当时出售的大米都不够干净，家庭主妇们在淘米之前不但要手工拣出出来其中的杂物，而且要淘洗很多遍，这无形中给家庭主妇带来了很多麻烦。想到这里，王永庆决定带着家人清洁大米。他们不辞辛苦地拣出大米中的杂物，诸如小石子、米糠、沙石等。这样一来，主妇们购买了王永庆的大米之后只需要简单淘洗即可入锅，觉得轻松多了。她们一传十，十传百，很快人人都知道王永庆的大米质量好，非常干净。日久天长，王永庆米店的生意越来越好。

尽管王永庆米店的生意更加红火，但是他没有止步于此，而是更加用心地经营。考虑到大米是很沉重的货物，尤其很多老年人根本没有足够的体力把大米运回家，因而王永庆决定展开送货上门的服务，消除年老体弱者买米的后顾之忧。就这样，那些年老体弱者都成了王永庆的忠实客户，包括很多体壮的年轻人也都习惯在王永庆这里买米，享受送货上门的服务。而且王永庆把服务做到了极致，他不但送米上门，还负责把米倒进米缸里。如果遇到顾客的米缸里还有陈米，他就会体贴地把陈米倒出去，等到新米入缸，再把陈米倒在新米上面。如此一来，陈米就不会因为被压在缸底而坏掉，家里有陈米没吃完的顾客也可以放心地购买新米。如此细致入微的服务，让王永庆博得了每一个顾客的认可和赞许。

后来，王永庆记住每一个顾客家里的米缸大小，并且记下顾客的购买量，等到顾客家里的米快要吃完之后，他就会主动再次送货上门。这样的用心，使他不但生意越来越红火，而且赢得了好口碑、好人缘。后来，越来越多的顾客专门去他的米店买米。经过原始的资金积累后，王永庆居然在繁华地段租下很大的门面，外面当米铺，里面直接碾米，保证米源的新鲜充足。正是这样一步一个脚印地不断奋斗，王永庆开创了自己的事业，最终成为台湾首富。

每个人在奋斗的路上，都不可能一蹴而就获得成功。只有一步一个脚印，踏踏实实地往前走，遇到山就开路，遇到河就修桥，如此才能不断披荆斩棘，获得长足进步的人生。王永庆的人生经历给我们树立了很好的榜样作用，他能够在那么艰难困苦的环境中不断拼搏和奋斗，最终成为台湾首富，我们的人生基础显然比他好多了，为何不能做到坚持不懈地努力呢！

现今社会，好高骛远、不脚踏实地是很多年轻人的通病，他们是思想上的巨人，行动上的矮子，信誓旦旦决定做一件事，而到实施的时候，却做不到一步一个脚印，每天朝目标迈一步，经常三分钟热度，做不到持之以恒。要知道，任何事情的成功都不是一蹴而就的，需要我们做出一点一滴的付出。小事成就大事，在每件小事上认真的人，做大事一定成绩卓越。即使你的目标是短视与功利的，如果不过完今天一天的话，那么明日就不会来访。到达心中向往的地点，没有任何捷径。“千里之行，始于足下。”无论多么伟大的梦想都是一步一步、一天一天积累，最终才能实现的。

唯有不遗余力地奋斗，才有美好的未来

生活中，我们都希望自己拥有顺风顺水的人生，更希望自

己在人生的每一个阶段，都能风生水起。对于大多数普通人而言，或者是在学校里勤奋刻苦地学习，或者是在人生路途中遭遇坎坷，艰难地跋涉。其实，青春就是应该吃苦的年纪。假如我们在该吃苦的年纪选择安逸，那么我们未来的人生必然会吃更多的苦头。所以大凡聪明、理智的人都会不遗余力地奋斗，为了自己的人生拥有更加美好的未来，不懈地付出。

要知道，并非每个人的成功都是一个童话，那么顺遂和甜蜜。大多数人的成功，都要经过漫长的努力，更要经历坎坷和挫折，最终才能让我们凤凰涅槃，浴火重生。在青春的舞台上，我们无须羡慕他人的成功，更不必模仿他人的经历。每个人都有属于自己的人生之路，我们也必须怀揣梦想蹚过青春的河流，才能最终迎来青春最绚烂的绽放。

很多年轻人羡慕的日本京瓷公司的创始人稻盛和夫的成功，就来自他早年的愿望，更是坚持与努力的结果。

刚开始，京瓷公司规模很小，不满百人，并且，这家公司还是一家乡村工厂，但那个时候，稻盛和夫就和员工一起立下了“要将这家公司发展为世界一流公司”的宏伟志愿。“尽管它还是一个遥远的梦想，但我内心有个强烈的愿望，就是渴望实现梦想并证明给大家看。”稻盛和夫在自己的著作《活法》中写道。

不难发现，那时候的稻盛和夫的眼界是高的，但在接下来的很多年内，他不仅坚持自己的梦想，更是把自己的梦想融入实际行动中。他和他的员工一样，在现实中的每一天，都在竭尽全力、脚踏实地地重复简单的工作。为了继续昨日的工作，他们不得不挥洒汗水，一毫米、一厘米地前进，把横在眼前的问题一个个解决掉，时间就这样一点一滴地度过了。

可能很多年轻人会问："每天重复同样的工作，哪年哪月能成为世界一流公司呢？"的确，在创业的过程中，稻盛和夫屡受打击，经历过失败，但他认为，人生只能是"每一天"的积累与"现在"的连续。

"此刻的这一秒聚集成一天，这一天聚集成一周、一个月、一年，等发觉时，已经站在先前看上去高不可攀的山顶上。这就是我们人生的状态。"

我们每个人都要谨记稻盛和夫的这句话，这种追求成功、不懈努力的人生状态。没有小，就没有大；没有低级，就没有高级。每天那些点滴的小事中都蕴含着丰富的机遇，伟大的成就都来自每天的积累，无数的细节终将改变生活。

我们都知道，人的潜能是无限的，它是人的能力中未被开发的部分，它犹如一座待开发的金矿，蕴藏无穷，价值无比。一个人最大的成功，就是他的潜在能力得到最大限度的发挥。但这一前提是，无论你的理想多么崇高，要实现你的理想就必须勤奋努力，朝着目标一步一步地迈进。

年轻人，你是不是对每天两点一线的学习与生活已经厌倦？你是不是渴望和那些青年人一样去闯荡？你是不是甚至希望能有一次成功的机会？你是不是认为自己有粗心大意的毛病？那么，从现在起，对待生活、学习上的任何一件事，你不妨都予以关注，关注其细节是否完善，从细节入手，你会发现，你也可以变得卓越！

稻盛和夫总结道：“所以，不要把今天不当一回事，如果认真、充实地度过今天，明天就会自然而然地呈现在眼前。如果认真地度过明日，那么就可以看见一周。如果认真地度过一周，那么就可以看见一个月……即使不考虑以后的事而全力以赴过好现在每一瞬间，先前还未能看见的未来之象就自然而然地可以看见了。”

其实，“机遇是留给有准备的人的”这句话是有道理的。美国篮球名将乔丹对此深有体会，他说：“机会是为有准备的人而准备的。抓紧所有的时间，让力量发挥到极致，那些斑斓多彩的机会，就会一个个来到这些人面前。”因此，现阶段，你要做的就是为未来作准备、充实自己的内在。

把握现在，将每件小事做到极致

古今成大事者，没有人生来就是伟大和成功的。不论多么远大的理想，都需要一步步实现；不论多么浩大的工程，都需要一砖一瓦垒起来。平庸和杰出的差距就在于一点一滴的积累中，这是一个细节制胜的时代。的确，任何一个年轻人，都希望在未来社会中有属于自己的一片天地，但你要做的，并不是空想，而是把握现在，认真、踏实地对待每一天，这样才能脚踏实地地完成宏伟的目标。

苏格拉底是古希腊著名的哲学家，许多人都慕名来向他学习。

有一次，学生问："老师，我们怎样才能成为像您一样的大哲学家呢？"苏格拉底说："很简单，只要每天甩手300下就可以了。"有的学生说："老师，这太简单了，别说是甩手300下，就是3000下、30000下也可以啊！"苏格拉底笑了笑没有说话。

一个月过去了，苏格拉底问："有多少同学每天坚持甩手300下啊？"很多学生都骄傲地举起了手，大概有90%的人坚持着。又一个月过去了，苏格拉底问："还有多少同学在坚持啊？"这回只有80%的人举起了手。就这样一个月一个月地过去了，一年以后，苏格拉底又问："还有同学在坚持每天甩手300下吗？"很多同学都你看我我看你，只有一个同学举起了手，他的名字叫柏拉图，他后来也成为像苏格拉底一样的大哲学家。有人问他成功的秘诀是什么，柏拉图微笑着说："甩手，而且甩得足够久……"

每天坚持做同一件小事也很不容易，就像每天甩手300下，一个月大部分人能坚持，一年过去了却只有一个人能坚持，只有学习柏拉图这种坚持不懈的精神，才能成为像他和苏格拉底一样做成大事的人。那种大事干不了、小事又不愿干的心理是要不得的。

如果你要问谁是这个世界上最富有的人，还是比尔·盖茨吗？不，不是，而是罗伯森·沃尔顿先生。

20世纪60年代，在美国，很多零售商店兴起，其中就有沃尔玛，在40年的时间里，沃尔玛的分店总数达到24000多家，年收入2400多亿美元，列全球500强首位，创造了一个又一个神话。

几十年来，沃尔玛增长迅速，并且不断扩张，即使在全球经济不景气的情况下，沃尔玛也依然以良好的速度增长，仅仅在中国，沃尔玛就有100多家店，而沃尔玛的成功，就来源于它对细节的重视，这一点，被贯彻到每一个员工身上。

对此，沃尔玛规定，每个员工都必须要做到：

（1）“视纸如命”：有一天，沃尔玛总裁山姆·沃尔顿在一家门店巡视工作，当时他看到一位员工正在为客户包装产品，手头多了半张包装纸，还有一段包装绳，就这样丢到了垃圾桶里。山姆看到这一幕后，语重心长地说：“小伙子，我们是零售行业，利润微薄，赚的就是这点节约下来的纸张和绳子的钱。”

另外，在沃尔玛，从来没有专业的复印纸，而是用废旧报纸，当然，除了那些重要文件。

（2）无论你身居何位，忙碌时都要在一线：美国人很忙，所以平时购物的人不多，但是一到节假日，各大零售商店人就特别多，所以沃尔玛的各个店面都会爆满，人手自然不够，这时，沃尔玛从运营总监、财务总监、人力资源经理到各部门主管、办公室秘书，都换下笔挺的西装，投入繁忙的商场之中，去做收银员、搬运工、上货员、迎宾员……

（3）注意顾客需要的细节：在沃尔玛选址之初，它不会在超过5000人以上的城镇设店，沃尔玛创始人山姆·沃尔顿说：“我们会尽力在离库房近的地方开店，然后，我们会以那里为中心，逐步辐射，把那一地区的地图填满；一个州接着一个州，一个县接着一个县，直到我们使那个市场饱和。”从20世纪80年代末到90年代初，沃尔玛开始进军都市市场。

沃尔玛的成功，我们可以归结为两个字：积累。而我们身边有很多年轻人，不屑于做具体的事。孰不知能把自己所在岗位的每一件事做成功、做到位就很不简单。

每个年轻人都有远大的理想，但如果你想要实现它，就要无时无刻不使自己处于一种思考和锻炼之中。老子曾说：“天下难事，必作于易；天下大事，必作于细。”它精辟地指出想成就一番事业，必须从简单的事情做起，从细微之处入手。一心渴望伟大、追求伟大，伟大却了无踪影；甘于平淡，认真做好每个细节，伟大却不期而至。这也证明点滴的细节孕育出巨大的成功这一道理。

一切的成功者都是从小事做起，无数的细节就能改变生活。成功者之所以成功，在于他们不因为自己所做的是小事而有所倦怠。

生活中的你，如果想改变现在的自己，使自己达到卓越的境界，那么你今天就可以达到。不过你得从这一刻开始，摒弃对小事无所谓的恶习才行，大事业是从小处着眼的，你要明白，一砖一木垒起来的楼房才有基础，一步一个脚印才能走出一条成功的道路。

没有辛勤的付出，何谈收获

生活中，我们很多人已经认识到一个消极的事实：付出未必有收获，然而，我们能够因此就不再付出吗？答案当然是否定的。付出未必有收获，如果你不再付出，那么你一定毫无所获。任何时候，天上都不会掉馅饼，你即使交了好运，也不可能不劳而获。如此一番辩证分析之后，我们不难得出一个结论，付出与收获未必每次都能立竿见影地成正比，但是在综合多次情况之后，付出与收获终究还是正比的关系。

现代社会，各种竞争接踵而至。除了天生就有好运气的人，大多数人都要面对命运的无常和残酷，更要竭尽所能地与命运抗争，从而改变命运，收获与众不同的人生。其实，那些寒门走出来的成功者，不但没有显赫的背景，更没有平顺的命运，相反，他们往往命运多舛。而他们之所以能够获得成功，就是因为他们懂得“越努力，越幸运”的道理。

当机遇到来的时候，很多人因为不够努力，失去了成功的机会。比如，爱因斯坦发明电灯，在爱因斯坦之前，其实也有人尝试着找到合适的灯丝材料，发明电灯，但是都以失败而告终。唯有爱因斯坦，在尝试了1000多种材料，进行了数千次实验之后，始终没有放弃希望，而是继续坚持不懈地努力，最终才能找到合适的灯丝材料，发明电灯。不得不说，这既是命运的眷顾，更是爱因斯坦不懈努力的结果。

现代社会，发展迅速，各行各业里人才辈出。作为现代人，要想在人生中为自己谋求一席之地，我们就必须更加勤奋努力，才能在熙熙攘攘的职场上站稳脚跟。举例而言，很多人都知道人生不可重来，但是在事情没有临头时，他们总是怀着侥幸心理，贪图享乐，不思进取。殊不知，一个人不管多么才思敏捷，也必须把功夫下足，才能等到好运降临。

本田宗一郎曾经是一名自行车修理工。因为对生命充满热情，也相信自己只要努力就能获得成功，他在这份平凡而又普通的工作中投入了极大的热情，最终凭借实力拥有了自己的自行车修理店。在此之后的半年时间里，他的修理店生意越来越红火，但是他仍然不满足，而是努力学习修理摩托车。

毫无疑问，摩托车的构造和自行车相比更加复杂，但是这并没有难倒本田宗一郎，反而给了他极大的激励。他一边经营自行车修理店，一边利用工作之余的闲暇时间刻苦钻研摩托车。在摩托车大赛中，他以自己改装的摩托车赢得了比赛，也从此得到了更多的关注。然而，他还是觉得自己需要充电，为此他特意去了汽车专科学校学习，当了一名不要学位的旁听生。学习结束后，他觉得时机已经成熟，因而水到渠成地成立了东海精机公司。即便他已经在人生的路上走了很远，但是他依然求知若渴，非但没有自我满足，反而怀着更加谦虚的心态不断学习。在去欧美进行考察时，他花费重金买下所有款式先进的摩托车，并且将它们带回日本仔细研究。两年多时间过去，由东海精机公司改名而成的本田技研株式会社生产出了比世界知名摩托车更好的摩托车，由此打出了自己的品牌。后来，本田宗一郎更是进军汽车产业，在历经千辛万苦之后于1936年研制出第一部本田汽车。从此之后，本田汽车经过多年发展，成为世界知名品牌，足以媲美福特等世界名牌汽车。

从修理自行车，到修理摩托车，再到学习汽车、生产汽车，本田宗一郎的人生无疑颇具传奇色彩。他之所以能够创造业界传奇，也实现人生的辉煌，就是因为他始终怀着空杯心态，努力学习，也相信只要自己坚定不移地付出努力，就一定能够获得成功。和那些名牌大学毕业的技工相比，本田宗一郎只是一个名不见经传的修理工，他之所以能够最终拥有让世人瞩目的成就，就是因为他勤奋好学、不懈努力的精神，也因为他必胜的信念。

众所周知，和得到好运气相比，让自己一直保持好运气更是难上加难。如果是随机降临的好运，只能维持很短的时间，我们需要做的是通过自身的努力，让我们的好运气更加持久。这样，我们才算真正参透人生，也拥有把握人生的能力。归根结底，没有人会永远好运相随。作为明智的人，我们必须时刻作好准备，才能维持自己的好运气。此外，我们在努力的过程中还要不断创新，这样才能让好运气常新，也对我们的生活与工作持续发生作用。

人生看似短暂，实际上过程也是漫长的。当青春年少的我们坚持努力过青春岁月之后，我们的人生必然能够得到沉淀，变得丰盈厚重。反之，假如我们面对人生的态度始终是推脱、延迟，那么我们的人生也就会被命运玩弄于鼓掌之中。朋友们，你们一定要记住，唯有努力，才是我们一生的护身符，才能保证我们一生的幸福如愿。做一个努力的人吧，相信命运一定会厚待你的！

勇敢跨出第一步，路就在脚下延伸

哲人说，我们一生最大的悲哀就是选择无谓的等待。的确，人的一生有太多的等待，在等待中，我们错失了许多的机会；在等待中，我们白白浪费了宝贵的光阴；在等待中，我们由一个英姿勃发的青年，变为碌碌无为的中老年，我们还在等待什么？选择去尝试，总不会让自己在原地踏步。人生就是如此，只要你迈步，路就会在脚下延伸。只有启程，我们才会向理想的目标靠近。无论你的梦想和目标是什么，这些都只是你成功的开始，更主要的是立即开始行动，从而实实在在地看到成功的希望。这一点被许多人所忽略，其结果都是以失败告终。

人人都能下决心做大事，但只有少数人能够果敢地去尝试，也只有这少数人才是最后的成功者。有不少这样的人，他们并非不知道行动的重要，但是迟迟不愿意行动，结果又产生负疚感，造成意志瘫痪。很多情况下，人们与其说是因为恐惧而不去行动，毋宁说是因为不去行动而导致恐惧。许多事情的难度都由于我们的犹豫和摇摆加大了。勇于尝试需要一种开拓进取的精神。

贝尔在试制电话机时，感到有关问题还没有把握，便去向著名物理学家约瑟·亨利请教。贝尔谈了自己的设想，然后恳切地问：“先生有何见教？”“干吧！”亨利回答说。

贝尔不安地说：“可是，先生，我对电的知识知道得很少呀。”“学吧！”亨利又简短地回答。电话机试制成功后，贝尔激动地说：“如果不是亨利先生这两个词的鼓励，我是不可能发明电话机的啊！”

当年，迪斯尼为了实现心中的梦想，不断地呼吁建造一个乐园，可是当时有非常多的人反对他，有的人担心会对环境产生影响；有的人担心他的资金有问题；有的人甚至怀疑他的头脑有问题；有的人说政府不会批那么大的一片地，可是迪斯尼不断地去想各种各样的方法：资金方面有问题，他跑了143次银行。他积极地寻求各方面资源的支持，最后，他梦想中的乐园——迪斯尼乐园，终于在美国兴建，到现在，被复制到世界各地。

诚然，人生需要选择，需要你果敢地去拼搏，去行动，去做自己该做的事情，哪怕你很畏惧，哪怕你很犹豫，如果摆在你面前的路是正确的，你就要立即行动起来。

小胡今年28岁，刚开始结婚那几年，她是幸福的。她以为找个好人家把自己嫁出去，往后的生活围着丈夫与孩子团团转，一辈子也就这样。但是，当她真的成家以后，又经常感到很迷茫，觉得浑身不自在。

更让她感到糟糕的是，婚后的丈夫好像变了，找了份安稳的工作后，就变得不思进取，每天下班后就是打扑克、泡酒吧，这让她打心眼里嫌弃丈夫的无能和窝囊，再加上家里的经济条件并不十分宽裕，因此她很不开心，时常唉声叹气。

一个星期天，小胡的一个闺蜜邀她去喝咖啡。她开始诉说心里的烦恼，埋怨自己嫁错了人。好友善意地提醒她："如果你总想着让老公多赚外快，增加收入，那么你恐怕很难感到快乐。既然你自己有理想、有能力，为什么不干脆自己创业或者努力工作呢？"这番话点醒了小胡，她仔细一想，觉得好友的话十分在理，于是她开始留意身边的各种机会。

半个月后，邻居准备转让一家餐馆，她就动了心思，打算把餐馆接过来。当时，丈夫和婆婆都不同意，觉得她一个女人不能干成什么事。再说，她也缺乏经营经验，而且事情太繁杂，怕她辛苦。但小胡坚持了下来。很快，因为经营有道，她的生意做得红红火火。

尤其让她感到高兴的是，因为她打开了自己人生的新局面，丈夫也不再游手好闲，时常来帮她招待客人，管理餐馆的大小事务。丈夫在工作中也开始奋发向上。丈夫常感激她，说她让他找准了人生方向，就像周华健唱的那首歌——“若不是因为你，我依然在风雨里飘来荡去，我早已经放弃……”

如今的他们，在生活中能够互相交流自己的想法和意见，感情也比从前更加融洽。

这就是一个聪明女人不甘于现状，用自己的能力改变现状的典范。刚开始，她围着丈夫和孩子转，她原本以为这就是幸福，但实际上，这并不是她要的生活，她很快发现自己过得并不快乐，在闺蜜的提点下，她很快找到努力的目标。事实证明，她有能力经营好自己的事业、自己的幸福，她与丈夫的感情也比以前更加亲密、融洽。

人的价值，不光是在取得非常成就时才显现的，具有尝试精神的人，他的人生，也会丰富多彩，熠熠放光。经过尝试，我们会发现自己具有取之不竭的智力潜能，会发现生命中潜藏着许多连自己也无法想象的能力。如果不去尝试，这些能力永远也没有机会大放异彩。尝试，是铸造卓越与杰出人生的一种方式，是事业成功的一条重要途径。

内心不败，你总能成功

对于我们每一个人来说，即便自己的能力再强、机遇再好，在追寻梦想的过程中，也不可能保证一帆风顺。事实上，梦想实现的过程本来就没那么容易，我们总会遭遇各种各样的困难和挫折，有时候虽然付出了再多的努力，却最终换来失败的结局。其实，人生本没有输赢，只要我们内心不败，总有一天，我们一样可以站立在成功的高峰。

俗话说："失败乃成功之母。"失败所带来的打击和痛苦都不算什么，只要我们能忍耐失败，在忍耐中等待机遇，就有可能反败为胜，因为反败为胜的智慧往往隐藏在忍耐中。当然，如果一个人难以忍受失败，在失败的压力下一蹶不振，甚至选择放弃自己的生命，那他是难以东山再起的。反败为胜的奇迹往往会降临在那些内心不败的人身上，它们只会给那些懂得忍耐的人带来希望和机遇。不管是失败，还是最残酷的打击，对于一个懂得忍耐的人而言，都算不了什么，因为他明白，只要自己学会忍耐，在忍耐中发掘机遇，最终是可以反败为胜的。

在我们的生活中，也有不少人，在内心都有自己的梦想，但紧张的工作，可能会让你搁浅心中的梦想。但正是因为你失去了梦想，你才会显得无力，没有热情。任何人潜能的激发都需要一个强大的动力，而在这个过程中，最为重要的就是在面对压力、挫折、困难时是否有继续向前的愿望和动力，任何想要成功的人，他首先要学会的就是坚忍不拔，要能够超越失败，成功才会离你越来越近。

总之，无论你的梦想是什么，成功都不是一帆风顺的，对于一个普通人来说，失败的痛苦是难以承受的，但如果你不断地忍耐，并在忍耐中挖掘机遇和灵感，那最终成功还是会属于你的。从失败到成功，你所经历的只是一个忍耐的过程，只要你能顺利地通过这条坎坷的路，那必然会再一次赢得成功。

第5章

努力就是要让怀疑你的人最终对你刮目相看

“石油大王”洛克菲勒曾说过这样一句话：“我们的命运由我们的行动决定，而绝非完全由我们的出身决定。”的确，一个人的命运如何，是掌握在自己手里的，出身只能决定我们的起点，不能决定我们的终点，而他人也只能给我们建议，不能决定我们的人生路，我们唯有掌控自己人生的主动权，才有努力的方向和恒心，才能让那些曾经怀疑我们的人对我们刮目相看。

成功的第一步是主宰自己的人生

每个人都是自己人生的主人，都应该为自己的人生做主，这个道理人人都知道，但是真正能做到的人并不多。人最大的弱点，就是我们日常所说的“软耳朵根子”“棉花耳朵”。也许各个地方对于这种现象的描述方式不尽相同，但是对于本质内容的表达是相同的。一个人若缺乏自己的主见，那么，他遇到任何问题都想要听从别人的安排，甚至因为拿不定主意、犹豫不决，最终导致错失良机。这样一来，事情必然变得复杂，他也就无法把控自己的人生。

一个人要想主宰自己的人生，成为人生的把控者，必须坚持按照自己的想法来经营人生。而且，这个世界上绝没有两个完全相同的人，也就注定这个世界上绝没有两条完全相同的人生之路。所以我们在操控人生的时候，必须在深思熟虑之后作出自己的思考和判断，从而坚持走好自己的人生之路，做好人生的每一件事，活出自己与众不同的精彩人生。反之，假如一个人在生活和工作中，不管什么时候都没有主见，而且越是遇到难以决定的问题就越是犹豫不决，那么最终他一定会因为拿不定主意而非常烦恼。所以朋友们，我们必须牢记一个道理：人生是我们的，我们不能被别人操控，而要独自主宰人生。

1882年，有这样一个女婴，因高烧而失去了听力和视力，从此成为聋盲人。也因为这样，她没办法接触到语言刺激，也没办法开口说话，这些对于一个十几个月大的幼儿来说，无疑是打击巨大的，然而，她后来成就卓著——成为家喻户晓的作家和演说家，她就是海伦·凯勒，那么，她是如何克服困难，一步步成长起来的呢？

最重要的一点是她从未向命运妥协，她很聪明，学会用各种方法来感知世界，并开始表达自己的想法。后来，因为意识到自己与别人不一样，她渐渐感到很颓丧，幸亏，她遇到了改变她一生心态和命运的莎莉文小姐，也就是海伦的家庭教师，就这样，海伦与外部交流的通道被打开，莎莉文小姐不仅教会她读书认字，而且让她学会读唇语，学会说话。

此后，海伦比别人更加努力，她努力学习文化知识，并读完了大学的课程，她顽强不屈的毅力，帮助她在求学的道路上战胜了无数的困难，而且她还特别有主见，总是不达目的不罢休。后来，她的《我的生命》一书出版，她大获成功，还拥有足够的金钱为自己购买独立的住房。此后，她更是以自己的经历四处演讲，鼓舞那些身处逆境的人一定要坚持不懈地与命运抗衡。

最终，海伦的名字在全世界被人知晓，可以说，她的努力鼓舞了全世界那些处于艰难困苦中的人，激励他们勇于改变命运。

海伦说如果不是小时候遭遇的疾病导致聋盲，那么她也许不会拥有这样出类拔萃的一生。她很有可能像大多数普通的女孩一样度过平淡的一生，甚至碌碌无为、默默无闻。然而，残酷的命运激发起她潜在的力量，使她能够不遗余力地与命运抗衡，也成就了自己与众不同的人生。对于人生，歌德曾说，假如一个人游戏人生，就注定会一事无成；只有能够主宰自身命运的人，才能避免成为人生的奴隶。人生短暂，我们到底如何度过自己的一生，这是必须慎重选择和决定的。

诚然，人在一生之中总会遇到很多困难与挫折，还会遭遇很多意外的变故。人生的无常固然可怕，但是如果失去对命运的把握，就会变得更加可怕。我们要想主宰人生，就必须把命运掌握在我们自己手中，这样我们才能成为命运的主人，才能让我们的人生更充实、更有意义。我们的生活我们自己做主，任何情况下，我们只有主宰人生，才能算得上是人生的强者。否则，在别人的安排下，哪怕我们生活得很好，也会因为失去人生的主动权，使我们的生活黯然失色。

坚持自我，走自己的路

诗人但丁曾说："走自己的路，让别人去说吧。"这句话的含义是，当你认为自己选择的路正确时，请坚持你的选择，别太看重别人怀疑和反对的态度，坚持自我，你会有更大的突破。

生活中的人们，当你所希望走的路与周围人的想法相背离时，你是坚持自己的想法还是听从他人的意见呢？其实，此时，如果你认为自己的观点是正确的，那么，你就要坚持。相信自己，你就敢走自己的路，就能不怕失误、不怕失败，在大多数情况下，不敢走“小路”的人，通常也难成为创新型人才。

成功者在大多数人之外。我们都渴望成功，但最终成功的往往是那些走“小道”的人，人云亦云者、混迹于人群中的人即使有天赋的才能，最终只能泯然众人矣。因此，生活中的人们，如果你希望获得成功，就要有与众不同的思维，要走与众不同的路，当你认为自己选择的路正确时，请坚持你的选择，别太看重别人怀疑和反对的态度，坚持自我，你会有更大的突破。

理查德是哈佛毕业的高才生，但令别人感到惊讶的是，他并没有和其他毕业生一样就职于某家大企业或者成为某一行业的技术骨干，而是成为一个出类拔萃的油漆匠。

理查德的父亲也是一位手艺很好的油漆匠，在他年轻的时候，他成功偷渡到了洛杉矶，但移民生活是辛苦的，而他正是凭借这一手好手艺在洛杉矶站住了脚。后来，因为一次大赦，他拿到了绿卡，他一家人也就成了名正言顺的美国公民。

理查德是个懂事的孩子，在他很小的时候，为了减轻父亲的工作压力，他常常帮父亲干一些油漆活。几年下来，他不但掌握了父亲所有的手艺，还在很多方面都有所创新，这让他的父亲感到很诧异。

理查德在读书方面也表现出了与众不同的天赋，他在学校的成绩一直是前三名，他在社区服务的记录一直是最好的，而且，他还获得过全美中学生美术展油画铜奖，这就使他轻而易举地被哈佛大学录取。

在哈佛读本科的4年，理查德虽然成绩一直名列前茅，但他似乎一直忘不了油漆工作，他觉得自己只有在刷油漆的过程中，才是快乐的，为此，一到周末，他就赶紧回家，然后摆弄油漆。

很快，4年大学毕业后，他决定不继续深造，而是在洛杉矶找了一份不错的工作。

理查德在工作中也一直很努力，为此，老板嘉奖了他很多次，但他就是忘不了油漆。一次，当老板问及他对公司有什么建设性意见时，理查德不假思索地说："公司经常要把一些零部件拿到外面去油漆，这样，浪费成本不说，每次油漆的质量也不怎么样，如果公司能成立一个专门的油漆部门，那么，这个问题便能很好地解决。"

老板笑着说："这简直太难了吧，买设备倒是小事，但我们去哪找那些优秀的油漆工呢？"

理查德说："用不着招了，你面前就有一个。"

于是，理查德道明了自己的想法，以及自己过去的经历，他还说，自己想招收一些年轻人，由自己亲手培训。这个想法打动了老板，于是，老板当即决定，成立油漆部，由理查德任经理兼技师。

回家后，理查德兴冲冲地告诉父亲自己升职了。听完儿子的话，老父亲半天没说出话来，他当然反对儿子这么做，但他也知道，自己是阻止不了儿子的。事实证明，理查德是对的，经过几年的经营，这个油漆部的工作非常出色，白宫有些用品都指定在这里加工。

为什么理查德的故事在哈佛大学被广为流传？因为哈佛希望学生们能明白，一个人，只有走自己的路，坚持自己的想法，才能真正走出一条与众不同的康庄大道。

一个人，活着就必须活出自我，要有自己的主张，这样才能维持一个人的格调。一般人都只有"偏见"，而少有"主张"，尤其是自己独一无二的"主张"，所以难有吸引人的"特质"。

因此，生活中的人们，在追求人生目标的过程中，按照自己的想法执行吧，不必过于在意别人的看法。用心思考，你会发现，几乎每一个成功的故事都源于一个伟大的想法，而故事的主人公无一例外地会遇到怀疑和困境。他们的过人之处就在于能够使这些杂音在头脑中沉寂下来，让自己静静地倾听真正的声音。他们的“疯狂”并非真的盲目，其中蕴含着目的，蕴含着方法。人活着并不是因为千篇一律而有所价值，那些伟人，都是拥有自己独特的思想，并坚持自己人生方向的人。

坚持自我，真正勇敢的人才能活出自己的精彩

生活中，我们每个人都生活在社会和集体中，我们必须融入周围的生活环境，但这不代表我们要人云亦云，把自己的命运交到他人手中。相反，我们更应该坚持自我，才能为自己赢得最大限度的发展，从而赢得人生的进步。

从各种影视剧中，包括从我们身边的人和事里，我们总能看到有人为了迎合这个世界，毫无原则和底线地改变自我。的确，我们不是完美的，我们存在很多缺点和瑕疵，我们也因此被他人指责。面对他人的不满，我们是选择坚持自我，还是选择改变自己以迎合他人呢?

对于这个问题，也许有些朋友觉得很难作出选择。但现实情况是，我们即便再怎么改变，也无法得到所有人的肯定和认可，更无法让自己变得十全十美。既然无论我们如何委屈自己，都无法令所有人满意，都依然受到他人的指责和抱怨，我们又有何必要改变自己呢？不改变自己，我们至少坚持自我，活出了真正属于自己的真实和精彩。

蜚声世界影坛的意大利著名电影明星索菲亚·罗兰的成名经历十分传奇，她16岁的时候，怀着成为电影明星的梦想，只身来到罗马，没想到，她第一次试镜就失败了，所有的摄影师见了她，都连连摇头，说她达不到美人的标准，都抱怨她的鼻子和臀部不完美。

导演卡洛·庞蒂把罗兰叫到办公室，建议她把臀部削减一点儿，把鼻子缩短一点儿。言外之意，导演还是想用她做演员。一般情况下，许多演员都对导演言听计从。何况，导演并没有拒绝她，罗兰正做着明星梦呢！可是，罗兰年纪虽小，却非常自信，她毫不迟疑地拒绝了导演的要求。她说："我要保持我的本色，我不愿意作任何改变。"正是由于罗兰的坚持，使导演卡洛·庞蒂重新审视她，并真正认识索菲亚·罗兰，开始了解她、欣赏她。

罗兰没有对摄影师和导演的话言听计从，没有为迎合别人而放弃自信，这使她得以充分展示自己与众不同的美。而且，她独特的外貌和热情、开朗、奔放的气质，得到了人们的喜爱。后来，她主演的电影《两妇人》获得巨大成功，她也因此而荣获奥斯卡最佳女演员金像奖。

当索菲娅·罗兰获得成功之后，她在自传中写道："自我开始从影起，我就按照自己的想法行事，我谁也不模仿，也从不去奴隶似的跟着时尚走。我有自己的想法，也有自己的判断，我只要求我像我自己。"

现实生活中，很多朋友对于自己并不满意，他们或者觉得自己不够聪明，或者因为自己天生就存在的缺陷感到遗憾。但是，我们必须知道，在这个世界上，没有人不想拥有健全的身体和健康的心灵。很多时候，我们的确不那么完美，但是这并不意味着是我们的错。我们就算存在严重的缺陷，也无须感到自卑。命运总是公平的，它在关掉我们的门时，总会为我们打开一扇窗。我们唯有保持积极乐观的心态，充满希望地面对人生，才能打开人生的窗户，从而为自己赢得新的生机和机会。

在这个世界上，真正的善良一定是尊重人性的，而真正的邪恶，则总是想要主宰他人的生命。朋友们，无论我们的身份是高贵还是卑贱，也无论我们的地位是高还是低，任何时候，我们都要尊重自己，也尊重他人。唯有保持人性的真实与自然，我们才能更加贴近生命，最终寻找到人生的意义和真谛。因此，无论外界的人如何评价和判断我们，我们都应该坚持本心。否则，一旦我们屈服，我们的人生就会就此沉沦下去，我们也会真正在他人面前低人一等。

每个人都想成为勇敢的人，殊不知，真正的勇敢并非体格上的健壮，而是精神上的强大。我们不但要有力量，更要充满希望。记住，我们的人生只属于我们自己，而且我们是我们生命唯一的主宰。我们不应该活在他人的眼睛和嘴巴里，我们更无须讨好任何人，特别是那些对我们心怀恶意的人。正如人们常说的，道不同不相为谋。对于那些与我们心意不相通的人，我们根本无须在乎他们的看法和想法。要知道，我们的人生我们自己做主。拥有成功的人生，我们就会更加引人羡慕。在人生的路上遭遇失败，我们只能默默承受，勇敢面对。正如但丁所说的，走自己的路，让别人说去吧！的确，既然不管我们做得是好还是坏，他人都是注定要说的，那么我们何不任由他人去说呢！因为即使我们改变了，也无法让他们闭嘴。

方向不对，努力白费

有句话说得好：方向不对，努力白费。或许，你每天都在加班，工作起来从来不惜力，甚至是一个彻头彻尾的完美主义者，而最后所取得的成绩却是毫无所获。那么，年轻人，你在持续努力之前，是否选对了方向呢？当我们在穿衣服系扣子的时候，如果第一颗纽扣扣错了，下面的扣子肯定会跟着出错。人生是一样的道理，如果我们选择的方向不对，不管我们付出多少倍的努力，最终的结果都是白费。甚至，当我们付出的努力越多，却离自己想要到达的地方越来越远。

荷马史诗《奥德赛》中有一句至理名言：“没有比漫无目的地徘徊更令人无法忍受的了。”没有方向的迷茫会造成内心的恐慌，在徘徊中挣扎，最终不过是一个平庸的人生。因为像无头苍蝇一样找不到方向，才会处处碰壁；一个人找不到出路，才会迷茫、恐惧。所以，年轻人，首先找到前进的方向比努力自身更重要。

只知道跟在别人身后漫无目的地奔跑，结果是迷失自己。现实生活中，是否也有很多这样的人呢？拥有自己的方向，并懂得正确努力的人，才能像一个高尔夫球高手一般，在生活这唯一一次的竞赛中取得优异的成绩。

威廉是一个十分勤奋的青年，他特别希望在各个方面超越别人。经过多年努力，依然没有什么成效，他对此感到迷茫，希望智者能为自己指引方向。

这时智者叫来自己的三个弟子，嘱咐弟子们把威廉带到山上，砍几捆自己认为最满意的柴火。于是，威廉和智者的三个弟子沿着门前的江水直奔山上，智者则在门前等他们。

过了一阵子，首先回来的是威廉，他扛着两捆柴火，智者让他在一边休息。不一会儿，智者的两个弟子也扛着柴火回来了。最后回来的是小弟子，他从江面上驶来一个木筏，上面载着八捆柴。威廉看见如此情形，解释说：“我刚开始就砍了六捆柴火，扛到半路，走不动了，只好扔了两捆；又走了一会儿，还是感觉柴火压得自己喘不过气来，又扔掉两捆。最后我就把这两捆柴火扛回来了，但是，大师我真的已经很努力了。”这时大弟子说：“我和他刚好相反，刚开始，我们各自砍了两捆柴火，我和师弟轮流担，觉得很轻松，最后，我们还把这位施主丢弃的柴火都挑了回来。”这时小弟子说：“我个子矮，没什么力气，这么远的路程，就是一捆柴也无法挑回来，所以，我选择走水路，自己造了一个木筏，结果就这样回来了。”

智者听了，微微颔首，然后走到威廉面前，拍着他的肩膀，语重心长地说：“一个人要走自己的路，无可厚非，关键是如何走；走自己的路，让别人说，也无可厚非，关键是你走的路是否对。年轻人，你要永远铭记：选择方向比努力更重要，选错了方向再努力也是白费力气。”

人生有很多条道路，路到尽头，就应该及时转弯。我们总是敬佩那些执着努力的人，他们的精神被宣扬成主旋律，激励许多青年人热血沸腾地努力拼搏。但你是否在其中保持一个辨别方向的清醒的头脑呢？有人作过统计，在一般人所作的努力中，无效努力的成分占到80%；而造成你的成功的有效成分仅占20%。这依然符合80/20法则的规律。

因此，我们可以说，积极地开发自己，调动自己的积极性，执着地努力，这些都是年轻人不二的选择。在这中间，我们还应该注意选择正确的方向，始终正确地努力，不要只顾盲目地奔跑，而失去思考的能力。

有清晰的方向，才会斗志昂扬

每个人的行为都是有目的性的，一般来说，没有目的性的行为是很难成功的。你想成为一名政治家，想成为一名流行歌手，想成为一名将军……但是，生活中没有方向的人就是可怜的糊涂虫，他们永远没有办法找到成功的途径。车尔尼雪夫斯基曾说：“一个没有受到献身热情所鼓舞的人，永远不会做出什么伟大的事情。”一旦失去方向，就意味着失去人生的推动力，失败必将来临。当然，在追寻目标的过程中，我们应该有自己的立场，因为我们的生命不需要被保证。

那些大凡做出巨大成就的人，他们都知道自己想成就的是什么。当然，他们绝不像太平洋中没有指南针的船只一样，随风漂荡。成就梦想，定下目标是第一步，然后思考如何实现自己的目标。这道理似乎听起来好像老生常谈，但是，令人惊讶的是，不少人似乎都没有认清这一点。生活中的人们，在为未来奋斗前，我们首先必须有一个正确的方向，不管你多么意气风发，不管你是多么足智多谋，不管你花费了多少心血，假如没有一个明确清晰的方向，你就会感到茫然，甚至在前进的路途中渐渐丧失斗志，忘却最初的梦想。

伊辛巴耶娃，世界上第一个，也是唯一一个越过5米的俄罗斯女子撑竿跳运动员。众所周知，在撑竿跳这项运动中，伊辛巴耶娃确实是非常成功的。但是，谁能想到，她最初的梦想根本不是撑竿跳，她那时候最喜欢的是体操。

伊辛巴耶娃从小就对体操情有独钟，她梦想着自己有一天能成为世界体操冠军。为了实现自己的目标，她没日没夜地练习着体操，不管是寒冷的冬天，还是炎热的酷暑，伊辛巴耶娃对练习体操都不敢有一丝的懈怠。遗憾的是，随着年龄的增长，伊辛巴耶娃越长越高。对于一个体操运动员而言，高挑的身材反而是一种缺陷。例如，其他运动员能够翻四个跟头，伊辛巴耶娃却因为个子太高只能翻两个半。显而易见，伊辛巴耶娃1.74米的身高在体操队中没有任何竞争优势。

这该怎么办？如果继续在体操这条路上坚持下去，最终只会碌碌无为，甚至有可能越来越处于劣势。于是，伊辛巴耶娃经过客观的分析、权衡，果断地告别了体操队，不过她依旧没有放弃自己曾经的梦想——成为世界冠军。她想到自己个子高，于是，她又将梦想寄托在能够充分发挥自己身高优势的撑竿跳运动上。

经过不懈的努力，终于，伊辛巴耶娃在撑竿跳运动中赢得了举世瞩目的成就。她在24岁时就成为历史上最出色的女子撑竿跳运动员，曾10多次打破世界纪录，拥有5项重要赛事的冠军头衔：奥运会，世界室内、室外锦标赛，欧洲室内、室外锦标赛。

富兰克林曾说：“宝贝放错地方就成了废物。”年轻人要找准自己的方向，经营自己擅长的项目，能够让自己的人生增值，而经营自己的短板，只会让自己的人生贬值。伊辛巴耶娃无疑是聪明的，她放弃了自己喜欢但不能发挥自己优势的体操运动，转而选择更具优势的撑竿跳运动，从而成就了自己的世界冠军梦想。所以，年轻人别把时间浪费在难以弥补的缺点上面，不要再让所谓的“短板”阻碍自己的成功之路。

一个没有方向的人就像是一艘没有舵的船，永远过着飘泊不定的生活，只会到达失望和丧气的海滩。许多人即使付出了艰辛的努力，也还是无法成功，其实，这是因为他们的目标总是模糊不清或者根本没有实际可行的目标。在生活中，一旦我们确立了清晰的目标，也就产生了前进的动力，所以，目标不仅是奋斗的方向，更是一种对自己的鞭策。

有人曾这样说，一个人无论他现在的年纪有多大，其真正的人生之旅，是从设定目标那一天开始的，之前的日子，只不过是在绕圈子而已。要想获得成功，我们就必须拥有一个正确的方向和清晰而明确的目标，目标是催人奋进的动力。如果你缺失了目标，即使每天你不停地奔波劳碌，还是无法获得成功，而成功者之所以能轻松地成功，那是因为他们的目标明确、眼光长远。

开动脑筋，更加卓有成效地付出

现代社会正处于飞速发展的时代，我们作为社会的一员，都发自内心地渴望成功，渴望拥有辉煌的人生。然而，命运总是捉弄人，很多人即便付出了努力，也依然与成功绝缘。为此他们开始抱怨命运，抱怨人生的不公平，也抱怨自己的运气不够好。殊不知，成功并非完全取决于天时、地利、人和，更多的时候，如果我们的努力自欺欺人，就会导致事倍功半，甚至会事与愿违。如此一来，我们自然会与成功渐行渐远，甚至彻底与成功绝缘。

一个人只有真正认识自己，客观评价和分析自己的能力，才能认清楚人生的方向，也找到人生的目标所在。所以，当你总是与成功失之交臂，千万不要抱怨成功从不青睐你，只有反思自身，更加卓有成效地付出，我们的努力才能收到事半功倍的效果。

尼西奇公司是日本著名的生产塑料制品的企业。长期以来，大量生产雨衣、旅游帽、卫生带、尿垫等产品。有一段时间，由于订货不足，产品销售停滞，导致公司的经济效益很差，企业陷入困境。公司的董事长多川博千方百计地想寻找搞活企业的方法。一个偶然的机会，他看到一份全国人口的普查报告，报告中说日本每年出生250万名婴儿。于是他想：如果每个婴儿每天用两个尿垫，一年就需要500万条，这是一个非常好的销售渠道，市场前景非常广阔。如果把市场推到国际上，市场效益就更加理想。

经过权衡利弊，多川博决定放弃其他产品的生产与销售，专门生产尿垫。刚开始，他的这一举措引起不少人的非议，但他始终坚持自己的决定，于是生产尿垫的工作开始全面展开。

尼西奇公司由于大力发展尿垫和尿布新产品，在日本建立了很多营业所，并与数以千计的批发零售商建立了供销关系，很快便垄断了日本的尿垫市场。接着，他又把目光投向国际市场，尿垫产品远销西欧、美洲、大洋洲及东欧一些国家，年销售额达70亿日元。今天，尼西奇公司是世界上最大的尿垫生产公司。

会思考的人，都有一双慧眼，比别人多一个心眼。很多成功人士都是事业、生活中的有心人。有心人往往勤于观察，善于发现，乐于思考。当一些人从生活中发掘了致富信息，并获得成功后，有些人就会顿生懊悔之心，说：“我天天都见到那些致富信息，怎么就没想到利用它来致富呢？”

在忙碌而竞争激烈的现代社会，大部分人都行色匆匆，似乎自己就是全世界唯一日理万机的大忙人，甚至废寝忘食，食不知味。然而最终他们并没有取得多么伟大的成就，甚至连人生中最基本的工作都做不好，这到底是为什么呢？究其原因，很多人的忙碌实际上都是瞎忙，努力也是毫无成效、事倍功半的，因而尽管看起来一刻也不得闲，但是效果着实不好，因而也很难达到预期的效果。

真正努力的人也许看起来并不是那么忙碌，而是懂得带着大脑工作，他总会比别人多想几步。其实，有时只要比平时多想一点就会把事情处理得很完美。在现实生活中，多想几步，也就是说具有一定的远见卓识，将给我们带来极大的价值。深度思维与扩散性思维会给我们带来巨大的利益，会打开不可思议的机会之门。对于追求成功的人来说，机会是平等的，就看你愿不愿意运用“思考”的武器，去发现机遇、把握机会，攻克成功路上的难关。

同样，生活中的你，与其自欺欺人忙忙碌碌地度过一生，不如调整自己的心态，理清思路，哪怕只做一件事情，也要把这件事情做到极致，这样才能最大限度地发挥我们自身的能力，才能不遗余力地创造辉煌的人生。

另外，你需要记住几点：

1.别让思维被禁锢

在生活中，仍有一些人不会思考，没有养成思考的习惯。特别是当一些成功的经验被定格在“习惯”上之后，一旦面对新问题，就会作出消极的反应：不想再作新的思考，一切都显得理所当然，不愿改变现状。

2.拓展思维

努力使自已的思维和视野开阔起来，善于从习以为常的事物中发现新的契机，主动反常逆变，去认识和发现新的事物。

3.学习巧妙的思考技巧

正确巧妙的思考技巧对致富来说，无异于机器内部的硬件。大多数人并不缺乏知识与才能，但他们没有一个正确巧妙的思考技巧。

无论从事何种行业，只要有思考的习惯，总会惊喜地发现新天地。尤其是那些身陷困境的人，更要开动脑筋、大胆思维，敢于走前人没走过的路，才有可能从“山重水复”走到“柳暗花明”。

第6章

只要你足够坚强，何惧历经风霜

我们每个人都向往成功，然而，事实上，真正有所成就的人并不多。于是，一些人产生疑问，怎样才能成功？事实上，成就赢家的因素很多，既需要智慧和运气，同时更需要胆量、勇气，但更需要坚强，因为成功的路很难，唯有足够坚强，才能抵挡住所有的风霜，才能成为自己的英雄，获得事业上的成功。

谁的成功，都不是手到擒来

成功，对于每个人来说，大概都是最美的词吧，因为成功意味着胜利、掌声、鲜花、赞美的眼光、财富等，然而，谁又能随随便便成功呢？我们看到的那些成功者，背后无不蕴藏着无数的酸甜苦辣、悲欢离合。很多人，在灾难来临的时候，手忙脚乱，惊慌失措，不知该如何应对。在我们的人生历程里，我们学习了如何享受、如何快乐、如何成功，却没有学习该如何走出困境。人的辛酸历程里面，失败总比成功多，坎坷总比机遇多，我们最应该进修的课程，不是在成功时如何庆祝，而是为未来不如意之事作好准备。

面对失败、挫折、苦难，大部分人都会产生负面情绪，然而，哭是心理脆弱的表现，抱怨是不能认清事实的表现，放弃是没有毅力的表现，如果遇事时，你只会哭、只会抱怨，不作任何努力就选择放弃，那你绝对不可能成就大业。那些真正作好准备迎接困难挑战的人，往往能忍人所不能忍，失败了，他会笑着说自己还有重来的机会；摔倒了，他会坚强地爬起来说没关系；即使害怕，他还是会勇于尝试……经历了之后，他就具备了战胜一切的品质。

丹格尔3岁的时候和父亲在公园里玩耍，他不小心摔倒了，哭着嚷着让父亲把自己抱起来。父亲没有伸手将孩子抱起，而是对他说："摔倒了，不能哭，自己站起来。"不得已，丹格尔抹掉眼角的泪水，站了起来。

丹格尔7岁的时候，不小心掉进河里，差点淹死，从此，他就变得十分怕水。可是，父亲不顾丹格尔的恐惧，坚持让他学习游泳，甚至说出学不会游泳就不许回家的狠话。在父亲的逼迫下，丹格尔终于学会了游泳，也克服了对水的恐惧。

丹格尔10岁的时候，第一次考试成绩没有得第一名，为此，他很伤心。他不敢回家，因为他怕对自己要求甚严的父亲会因此而责备自己。晚上，父亲在大街上找到手脚冰冷的儿子，也看到那张没有得第一名的成绩单。可是，出乎丹格尔的预料，父亲没有责备他，而是请他吃了一顿大餐，微笑着说："恭喜你，孩子，你终于经受了失败。"

丹格尔14岁的时候，身体变得非常虚弱，做任何事情都没有力气，他甚至一度悲观地认为自己就要离开人世。可即使在病重之中，父亲还是坚持让他每天按时上学，做家务，和朋友一起踢足球。

丹格尔17岁的时候，父亲被检查出得了肺癌，只剩下三个月的生命。丹格尔听到消息后，忍不住痛哭起来，父亲看到后，严厉地训斥了他。即使只有三个月的生命，父亲还是坚持做化疗，每天，无论化疗多么痛苦，看到儿子时，他总是一张微笑的脸；无聊的时候，他会和病房里的病友一起唱歌，歌声传到儿子的耳朵里，既动听又刺耳……

三个月过去了，父亲去世了，丹格尔在收拾父亲的遗物时，看到一封留给自己的信。信中，父亲这样写道：孩子，很抱歉不能再陪你走以后的路。从小到大，我对你都异常严厉，那是因为我知道，人生不可能一帆风顺，你必须为将来尚未可知的麻烦作好充足的准备。现在，我走了，但是我走得很安心，因为我知道，你已经足够坚强和勇敢，不管将来遇到多少困难，都可以从容面对，我想这是我留给你的最宝贵的财富了……

读完信后，丹格尔泪流满面。原来，父亲如此深爱着自己，他用自己的一生，为他上了一堂最生动的课。

世间的事，瞬息万变，谁也不能预测明天会是怎样一番景致。我们不愿意遭遇不幸，可如果这是命中注定的事，我们就避无可避。困难并不可怕，可怕的是你没有战胜困难的能力，可怕的是你对即将发生的事情没有任何的心理准备，以至于悲剧发生之后，你不能力挽狂澜，而是让事态的发展越来越恶化。

德意志民族在第二次世界大战中惨败，但他们依旧有关于美好生活的幻想，依旧对明天充满了希望，所以，他们凭借坚强的意志，重新站起来了；海伦·凯勒的人生似乎从出生就注定是一个悲剧，不过从有意识的那天起，她就知道自己是与众不同的，知道自己必须加倍努力才能活得精彩，所以，她凭借不屈的精神，成了全世界人民的楷模……

弱肉强食、适者生存，自古以来就是不变的真理，世界的主宰，肯定是那些早已作好准备迎接困难的挑战，并在困境中沉着以对的人。如果你不能成功，就不要怨天尤人，怪只怪，你并不具备成功的素质。“胜者为王，败者为寇”，不行就是不行，输了就是输了，成功有成功的理由，失败没有失败的借口。

逝去的，我们已无可追悔，现在的每时每刻，我们都要善加利用。一点点武装自己，磨炼自己，让自己变得足够坚强、勇敢，为将来可能遭遇的坎坷和磨难，作好充足的准备。如果厄运真的避无可避，一定要降临在我们身上，那我们也绝不就此妥协，绝不任人摆布自己的命运。

只要奋勇向前，人生就没有绝境

在海明威的《老人与海》中，桑迪亚哥老人给我们留下了深刻的印象：他在与鲨鱼搏斗的过程中，真正超越了自己，成就了自己。他的那句话更是人尽皆知，即“一个人尽可以被打倒，但就是不能被打败”。的确，鲨鱼虽然抢走了老人捕捉到的那头硕大的鱼，但是并没有真正征服和降服老人。为此，就算老人已经筋疲力尽，我们也可以想到他在未来的人生中，依然会勇敢地驾驶小船去到海洋深处，创造属于自己的人生奇迹。

现实生活中，我们最缺少的就是这样的精神。这种精神就像是一面旗帜，让我们尽可以被打倒，但就是不会被打败。其实，这也间接说明了一个道理，即人生是没有绝境的。

很多时候，我们误以为人生一旦走入死胡同，就再也难以摆脱命运的桎梏。但是有史以来的无数事实告诉我们，只要我们的内心屹立不倒，我们的肉体哪怕倒下了，也是永不屈服的。由此可见，一个人的态度最终决定了他能否被打败。同样的道理，假如我们还想把握人生的主动权，也愿意拼搏出属于自己的精彩人生，那么我们必须保持奋斗的姿态，不管遇到任何困难都始终奋勇向前，绝不畏缩。

面对人生，很多时候我们都觉得迷惘不安。究其原因，是因为我们缺乏信心，也没有必胜的信念。殊不知，这样一来，在我们的犹豫不决中，我们就真的失败了。其实，未必是因为我们的选择不够明智，而是因为我们对自己的选择没有充分的信心。生活中，我们虽然要参考他人的建议，但是也要相信自己的选择，尤其是我们深思熟虑后作出的选择，我们更要坚定不移地拥护，才能毫不迟疑地付诸行动。

很多年前，在美国，有个叫史蒂文的残疾人，和很多残疾人一样，他的残疾是后天不幸所致。不能正常行走的他，陷入极度的恐惧和无助之中。他学会了喝酒度日。就这样，20年过去了。但这一切，又在另外一场意外中改变了。

有一天，他和往常一样，从酒馆出来，照常坐轮椅回家，却碰上三个连残疾人都不放过的劫匪，这群劫匪早就盯上了他的钱包。

当他的钱包被抢后，他拼命呐喊，试图找到一个能够帮助他的人，但这群劫匪，在听到他的呼喊后，居然萌生了杀人的念头，他们放火烧他的轮椅。轮椅很快燃烧起来，求生的欲望让史蒂文忘记自己的双腿不能行走，他立即从轮椅上站起来，一口气跑了一条街。事后，史蒂文说：“如果当时我不逃，就必然被烧伤，甚至被烧死。我忘了一切，一跃而起，拼命逃走。当我终于停下脚步后，才发现自己竟然会走了。”

现在，史蒂文已经找到了一份工作，他身体健康，与正常人一样行走，并到处旅游。

信念的力量是无穷的，大自然赐给每个人巨大的潜能，但由于没有进行各种智力训练，每个人的潜能从没得到过淋漓尽致的发挥。人的潜能往往就是通过强力激发出来的。人人都是天才，至少天才身上的东西都有可能在普通人身上找到。

大多数情况下，人们之所以人云亦云，除了耳朵根子软外，与缺乏自信也有着非常密切的联系。很多时候，我们越是面临着重要的选择，就越是拿不定主意，甚至会因为担心承受责任，而选择逃避。要知道，伟大的人生从来不是逃避出来的，那些真的勇士和强者，坚定信念，从不畏缩迟疑。当然，毋庸置疑的是，任何选择都有可能成功，也有可能失败。成功了当然皆大欢喜，但是一旦失败，我们的人生也许就会进入转折点，甚至会因此蒙受惨重的损失。因此，很多朋友为了逃避失败，选择不去面对。现实却是，当我们故意逃避的时候，我们虽然不会失败，但是我们也与成功彻底绝缘。那么朋友们，你们是愿意承受一定的风险争取成功呢，还是继续坚持无为而治的原则，让我们的人生变得苍白、乏味呢？

我们必须相信自己，哪怕失败了，我们也能够从失败中汲取经验和教训，也能够最大限度发挥我们自身的能力，把结果变得更好一些。很多朋友都喜欢看童话故事，就是因为他们始终没有放弃对童话的憧憬。正如马云所说的，梦想还是要有的，万一实现了呢！所以朋友们，从现在开始就让我们勇敢地畅想未来，坚强地面对失败吧！哪怕失败，也比毫无作为、虚度一生更有意义，更有价值。

真正的强者，会将困难踩在脚下

人生路上，我们不仅会遭遇困境，也会面对各种各样的困难。虽然人们常说困难像弹簧，但是有相当一部分困难都是很难战胜和克服的，我们轻描淡写的努力，根本无法战胜困难，为我们迎来美好的未来。所以，要想成为一个真正的强者，面对困难，我们就必须越挫越勇，从而不断超越和挑战自我、提升和完善自我，最终把困难踩在脚下。

人人都希望自己的人生一帆风顺，人人都不愿意遇到困难，被困难阻拦住。遗憾的是，现实总是残酷的，很多时候我们越是逃避困难，困难就越是堵到我们的门口，让我们无路可走、无处可逃。在这种情况下，我们必然要鼓起勇气，以更强大的力量面对困难。

每一个拥有成功的人，无不在成功之前付出了坚持不懈的努力，也非常坚韧地面对人生的各种磨难。所以他们才能战胜挫折，超越自我，最终成就自我。如果说成功必须具备什么品质或者素质，那么坚韧一定排在首位。任何一个面对一点点困难就退缩的人，永远也不会得到成功的青睐。

人生的美丽并非凭空而来，就像大自然孕育瑰丽的奇宝一样，必然要经历重重磨难。作为命运的主宰，我们每个人都应该直面磨难，既不胆怯畏缩，也不因为缺乏毅力而半途放弃。笑到最后的人才是笑得最好的，人生充满酸甜苦辣，只有熬过人生苦难的人，才能让自己的心智变得更加成熟和坚韧，才能得到改变自己、提升自己、完善自己的契机，从而成就圆满的人生。

记得曾经有位名人说，每个人天生的条件其实相差无几，而最终人生的成就却截然不同，固然其中有客观因素的影响和作用，但是更大程度上取决于人们面对坎坷与磨难的态度。

在顺境之中，人们的表现大同小异，大多数人都春风得意马蹄疾，然而在逆境之中，人们的表现反差巨大。有些人在面对磨难时拥有无限的勇气，而且会在磨难中激发出更强大的力量，因而能够成功战胜磨难，从不屈服。相反，有些人在磨难面前胆小怯懦，甚至磨难还没有让他们屈服，他们首先就主动退缩了。这样的弱者根本不配拥有成功的人生，因为他们自身就不具备成功的任何素质。大多数人面对磨难会奋起反抗，最终却因为无力坚持半途而废。他们尽管积累了一定的经验，却因为缺乏毅力，最终不得不向命运屈服。从这一点来看，成功者与失败者之间最大的区别，就在于是否能够在磨难面前坚持到底，绝不放弃。

主动接受改变，终成强大的自我

说到人生，很多人用一个“熬”字作总结。记得一位老寿星对遭遇坎坷磨难的后辈说：“熬吧，熬熬就过去了。”这句话虽然听起来平淡无奇，却揭示了人生的真谛。的确，很多苦难，熬熬就过去了。同样的道理，通往成功的路上，也需要熬。熬着熬着，媳妇就变成婆婆，熬着熬着，失败就变成成功。不过，需要注意的是，这里所说的“熬”，并非消极被动地熬，而是积极主动地熬。面对坎坷和逆境，真正的强者会勇敢地作出改变。

心理学家经过研究发现，很多人都是畏惧改变的。例如，人们总是害怕到一个新的环境，害怕换不同的工作，就是因为他们害怕改变，只想安于现状。而大凡成功的人，一定是勇敢地作出改变，能够突破自我的人。举个最简单的例子，一个人工作10年，频繁跳槽，始终是普通的员工。一个人年纪轻轻就当了老板，不管遇到多么艰难的处境，都从不放弃。普通人之所以频繁跳槽，是因为他们总是在工作中遇到不如意。他们不愿意改变自己，就只能不断地变换环境，最终一事无成。难道那个当老板的年轻人就不曾遇到任何的不如意吗？当然不是，他比普通人从事普通的工作遇到了更多的困难，而他之所以始终坚持不放弃，最终获得成功，就是因为他为了适应外界的环境，不停地改变自己。最终，他实现了自己的梦想，创造了人生的辉煌。

很多动物在幼崽出生之后，都会马上低头寻找幼崽的位置，并且用舌头舔干净幼崽身上的污渍，然而长颈鹿妈妈不是这样的。当千辛万苦地产下小长颈鹿，长颈鹿妈妈在耐心等待片刻之后，会马上抬起自己强壮的长腿，把小长颈鹿踢得腾空翻转，使其四肢朝下摊开。倘若小长颈鹿此时不能马上站立起来，长颈鹿妈妈就会毫不留情地重复这个简单粗暴的动作，直到刚刚睁开眼的小长颈鹿成功站起来为止。

由于小长颈鹿刚刚降临人世，非常孱弱，难免因为力气不足无法站起来，甚至会颓废地趴在地上，不愿意继续尝试。这种情况下，长颈鹿妈妈一定毫不犹豫地继续踢它，迫使它在成功站立之前不停地尝试。等到小长颈鹿以颤巍巍的四肢站起来，长颈鹿妈妈又会做出更让人惊讶的举动：突然伸出长腿把小长颈鹿踢倒。长颈鹿妈妈到底要干什么呢？原来，它想让小长颈鹿在不断练习站起来的过程中，记住如何才能站起来。在危机四伏的大森林里，如果长颈鹿不能在危急情况下以最快的速度站起来，就无法顺利逃生，摆脱危机。所以，长颈鹿妈妈此刻的残忍，恰恰是为了小长颈鹿日后的安危着想。

现实生活中，很多父母对待孩子毫无原则的溺爱，还不如长颈鹿妈妈的爱更加理智呢！殊不知，对于孩子一味地溺爱，把孩子长久地庇护在父母的羽翼之下，不但会让孩子失去基本的独立生存能力，也会使孩子变得依赖父母，最终无法立足于社会。真正爱孩子的父母，会像长颈鹿妈妈一样训练孩子的生存能力，让孩子在失去父母的保护之后也能独自生存得很好，这才是应该教给孩子的最宝贵的知识和技能。

的确，温室里的花朵因为生活得太过安逸，丝毫不能经受风吹雨打。人，如果也变得如同温室里的花朵那么娇嫩，就会导致经不起任何挫折和磨难。人生一切的成就都不会是凭空得来的，唯有主动接受改变，不断适应和挑战困难，我们才能最终华丽蜕变，才能让自己的人生绚烂绽放。

改变，是一种勇气。唯有改变自己，适应不能让我们如意的世界，我们才能找到成功的捷径。当然，这里所说的改变与三心二意是完全不同的。改变，并不意味着我们缺乏毅力，总是随波逐流。而是在坚持梦想的前提下，适时地改变自己，从而顺应形势，最终获得理想中的成功。这样的改变，不是退缩，而是迂回曲折地前进，是为了未来更加奋勇地前进。

总之，只有真正的强者，才能获得真正的成功。任何情况下，成功都不会从天而降，更不会随随便便青睐那些从不懂得付出和坚持的人。如果你很懒惰，如果你总是等着成功从天而降，你连成功的机会也不会有。很多伟大的成功人士之所以最终顶着荣耀的光环，并不是因为他们天赋异禀，而只是因为他们懂得为了梦想而改变，为了实现梦想而努力付出，坚韧不拔。

勇者无畏，坦然迎接困难的挑战

生活中，我们总是羡慕那些成功者，他们似乎拥有超人的力量，因此在面对任何艰难坎坷时都能做到坚定不移、勇往直前。殊不知，人并非生来就是强者，而是在不断的挫折和磨砺中，渐渐让自己变得强大，成为真正的强者。一旦成为强者之后，我们的内心也会变得越来越坚强。

尽管我们常说人生只有坦然迎接挑战，才能不断蜕变和塑造自己，但是当真正面对挑战时，依然有很多人畏缩和怯懦。他们甚至因为害怕挑战，导致对人生失去希望，也导致自身胆怯软弱，从而使得人生故步自封，止步不前。

的确，困难只会给人带来痛苦，也会让人生充满苦涩。但是只有真正经历过困难的人才知道，困难并非只有负面消极的作用，当我们以一颗坚强的心面对困难，最终也许能够让我们在困难之中涅槃，让我们的人生浴火重生。

对于弱者而言，即便只是遇到小小的困难，也会让他们感到泰山压顶般的窒息无力和深刻恐惧。相反，对于强者而言，他们恰如暴风雨来临前的海燕，在海面上不停地翻飞，丝毫感受不到畏惧，反而有着挑战困难的决心和勇气。其实人生也是如此，在每个人的客观条件都相差无几的情况下，为什么有些人的人生是成功的，而有些人在一生之中注定与失败相伴？究其原因，就是每个人对待困难的态度不同，也就直接决定了人生的状态不同。

成功总是青睐强者，因为强者无畏人生的风风雨雨，始终能够踏着泥泞风雨无阻地前行。成功不喜欢弱者，因为弱者除了抱怨，就是胆怯、退缩，所以也就无法成功地把人生的画卷铺展开。毋庸置疑的是，没有人的人生会是一帆风顺的，任何人的人生都必然要经历坎坷、挫折和重重磨难，最终才能让人生的格局从局促逼仄，到开阔敞亮。很多时候，弱者只是在艰难地熬过生活，而从没有主动生活。他们尽管对未知的未来充满恐惧，却从来不知道如何主动迎接未来的到来，只是一味地被动接受。也正因为如此，弱者被自己怯懦的心灵禁锢了，他们从不敢离开自己熟悉的领地，更不敢无畏地拓展自己的领地。对于强者而言，人生才是天堂。他们非但不会因为人生的未知感到局促不安，反而因此对人生充满新奇和渴望。

强者知道，人生不但是一场没有归途的旅程，更是一场充满挑战和冒险的旅程。未知的旖旎风景在向他们招手，即便眼下这一刻四周的风景再怎么美妙，也无法留住他们不断探索的脚步和自由自在的心灵。只有当我们勇敢无畏地挑战人生，人生才是鲜活的存在，才能迸发出无限的可能性。

假装坚强，你就会真的坚强

有过行船经验的人都知道，在漫无边际的大海上，海面时而平静如镜，时而清风微澜，时而巨浪滔天。这个时候，你是弃船而逃，还是迎风破浪地前进？跳进大海，必死无疑；殊死一搏，也许还有生机。在这种情况下，选择显而易见。面对生活的诸多磨难，我们只能选择坚强。即使做不到真的坚强，也要假装坚强。假装坚强有什么作用呢？千万不要小看假装坚强，它会给你强大的心理暗示，甚至激发你无限的潜能。试想，当遇到一个尴尬的突发事件，你是选择哭，还是选择面对？哭，情况会更加糟糕；面对，也许能够扭转局面，也许能够争取好转的机会。当你假装坚强面对自己的内心，你也会变得真正坚强起来。

首先，假装坚强的你不能大声哭泣，即使面对困难，也要假装微笑。当你感受到自己的笑容，你会暗示自己的言行举止也符合坚强的标准。其次，假装坚强的你，不但要成为自己的依靠，甚至要成为他人的精神支柱。如此一来，你的假装必须和真的一样。就这样坚持着假装坚强，渐渐地，你会发现自己真的开始坚强地面对困难。因为，你发现坚强并不像想象得那么困难。

和不少中年妇女一样，张琴也遭遇了丈夫出轨并最终离婚的厄运，起初，她并不相信丈夫会对不起她，因为他们一起走过风风雨雨十几年了，他们有殷实的家庭、可爱的女儿，然而，当她亲眼看到一个年轻漂亮的女人和丈夫手挽手进了酒店，才不情愿地知道了真相。

为了维护自己的尊严，张琴答应丈夫提出的离婚要求。女儿归张琴，所有的家产都给了前夫，除了女儿的抚养费，张琴一分钱都没要。就这样，年近40的张琴一切从零开始。张琴婚后有了孩子，一直在家相夫教子，照顾家庭，教育女儿。如今，她人到中年，却不得不开始四处找工作。没人的时候，张琴哭得歇斯底里。然而，每当出了家门，或者在女儿以及亲戚朋友面前，她总是假装坚强。张琴很好强，她不想让别人可怜她、同情她。就这样，所有人看到的张琴都一如往常。淡淡的妆容，得体的衣服，不卑不亢的态度，从不喊冤叫屈，这就是张琴。大家都很佩服张琴的骨气和坚强，只有张琴知道，自己是假装坚强。每天晚上，她都打落牙齿往肚子里咽，泪水往肚子里流，还要提防被年幼的女儿听见。

没多久，张琴找到了一份工作。虽然工资不高，但是总算能够养活她和女儿。渐渐地，张琴惊讶地发现自己不再心痛。她告诉自己：为这样一个男人，不值得。她工作之后，还报名参加了计算机培训班，以便让自己尽快适应现代化的办公手段。她的生活也越来越充实，很快就完成家庭妇女向职业妇女的转型。如今的张琴，工作上表现出色，女儿也越来越懂事乖巧，人生已经开辟了新天地。

事例中的张琴，如果刚刚离婚的时候像祥林嫂一样见人就哭诉，总是郁郁寡欢、愁眉不展、泪水不干，那么很难这么快走出离婚的阴影。相反，她也许是因为碍于面子，也许是为了不让女儿和亲戚朋友跟着担心，所以采取假装坚强的方式伪装自己。正因为如此，她的言行举止也必须符合坚强的定义。渐渐地，她从外表上的坚强，变成了真正的坚强。

人的一生短暂而又漫长。快乐的时候，时光飞逝；悲伤的时候，度日如年。我们在人生之中难免遭遇种种困境，碰到各种难题，甚至是看似无法战胜的灾难。然而，只要我们坚强，哪怕是假装坚强，假装让自己挺起脊梁，傲然站立，也能够激发内心深处的潜能，熬过难熬的人生阶段。人们常说凤凰涅槃，人又何尝不是如此呢！不经历风雨，怎能见彩虹，这句话任何时候都有用。

梅花香自苦寒来，宝剑锋从磨砺出。坚强地面对苦难，我们才能提升自己，凤凰涅槃。坚强，有的时候是由内而外的，有的时候是由外而内的。假装坚强，也是坚强。任何时候，只有挺起脊梁，才能成为一个真正的人。

第7章

愿我们都能成为“不服输”但“输得起”的人

生活中，我们没有人愿意在痛苦中生活，每个人都向往自由和幸福的生活。然而，这个世界上既没有绝对的自由，也没有毫无忧愁的幸福。每个人的人生都百感交集、苦乐参半。我们要想突破自己的人生，取得更大的发展，就要有从头再来的勇气，因为真正的强者，从来不是不服输的人，而是输得起的人，对于他们来说，即便是厄运也打不倒他们。

既已选择，就别轻易屈服

人是强大的，也是脆弱的。当厄运突然到来的时候，人无法抵挡厄运的侵蚀和袭击。很多朋友都曾有过这样的感受，即在遭遇厄运的时候，觉得天简直都要塌下来了，人生一瞬间变得昏暗无比，似乎再也见不到天日。的确，这就是人面对灾难时正常的心理反应，哪怕是一个强者，也会在短时间内出现类似的感受。在这种情况下，我们应该如何继续生活呢？

很多年轻人，在刚刚步入社会时，大多拥有自己的想法，给自己设计了诸多条成就大事的道路。然而很多人没用多久，在压力及现实面前，高高地举起双手，早早地屈服了。理想只存留于幻想中，甚至越来越不被提及。

其实，人可以被打败但不可以被打倒。只要你心中有光，你同样可以101次站起来，把苦涩的微笑留给昨日，用不屈的毅力和信念赢得未来。很多时候击败我们的不是别人，而是因为自己对自己失去信心，熄灭心中的希望之光。

库雷曾说：“许多年轻人的失败都可以归咎于缺乏百折不挠、永不放弃的战斗精神。”的确，大多数年轻人颇具才华，具备成就事业的种种能力，但他们的致命弱点是缺乏百折不挠的精神，往往一遇到微不足道的困难与阻力，就立刻裹足不前，没有韧性，遇硬就回，遇难就退，遇险就逃。因此，终其一生，他们只能从事一些平庸的工作。

不管经历多少不幸和挫折，内心依然要火热、镇定和自信，以屡败屡战和永不放弃的精神去对付挫折与困境。朋友们，每个人在人生之中都会遭遇各种各样的厄运。假如我们被厄运打倒，一定会从此一蹶不振，再也没有站起来把握命运的机会。因而在遭遇厄运时，我们一定要鼓起勇气站起来，努力地支撑自己。只要熬过最难熬的时刻，你会发现活着真好，活着就有希望，活着就有可能战胜一切困难。朋友们，让我们成为真正的强者吧，让我们在厄运面前顶天立地，绝不屈服。

不惧失败，大不了再试一次

生活中，谁都希望人生路上一帆风顺，获得命运的垂青，一举成功，对于渴望成功的人更是如此，但没有人能随随便便成功，这条路也并不是那么好走，需要经受各种考验，其中就有失败。但勇敢的人从不会被失败打倒，而是把失败当成成功的垫脚石，从失败中崛起。

《哈利·波特》的作者罗琳曾经在演讲中说道：“失败给了我内心的安宁，而在一帆风顺的处境下，我们是感受不到的。从失败中，我也认识到我自己，这也是在其他地方我感受不到的。我发现，我有坚强的意志，而且，自我控制能力比自己想象得还要强，我也发现自己拥有比红宝石更珍贵的朋友。”哈佛大学的教授也曾经说过：“坚持是机遇的种子，年轻人无论是求学还是创业，在经过各种权衡比较之后，要充分调动起自身的能量，在一段时间内只集中力量干一件事。”其实，这个道理很简单，以挖井为例，找到了水脉之后，就要奋力往深处挖，如果总是变换位置，那么，最终，你获得的不过是一个个的土坑而已。而在发掘中所消耗的时间与精力，已经永远找不回来了。

要问成功有什么秘诀，丘吉尔在一次演讲时回答得很好：“我的成功秘诀有三个：第一是，绝不放弃；第二是，绝不，绝不放弃；第三是，绝不，绝不，绝不放弃。”

在机遇面前，行动固然重要，但坚持更为重要。在追梦的过程中，我们永远都不要放弃心中的希望，如果遇到困难，把困难当成人生的考验，不要在因难面前茫然退缩，更不要不知所措迷失自己，满怀希望地为自己的梦想而努力，相信终有一天，你会走出低谷，走向光明。现实是美好的，但又是残酷的，关键在于面对困难，你是否具有韧性，能否坚持到底。

总之，任何一个取得成功的人，都付出了超乎常人的努力。一个人要想获得人生的幸福，那么每一天都应该勤奋工作。付出不亚于任何人的努力是一个长期的过程，只要坚持就一定能够获得不可思议的成就。

接纳失败，然后勇敢站起来

生活中，不少人都渴望成功，但结果并不一定如我们所想，似乎总是会出现我们无法预料的因素，那么，我们面对不能避免、不可改变的事实——失败，最好的态度就是认定事实，接纳失败，然后勇敢站起来。

我们都要明白这样一个浅显而深刻的道理，人这一生要经历许许多多的挫折。当我们所承受的挫折越多，说明你成功的机会就会越大。面对挫折和失败，我们应该勇敢地、微笑地接纳它。如果你能鼓起勇气，尽自己最大的努力去战胜它，那么你就会发现，挫折和磨难的阴霾被驱散后，头顶上便是一片蔚蓝的天空。挫折和磨难对强者来说，是上天给予的奖励，可以从挫折和磨难中自省自悟、吸取教训、重整旗鼓，挫折就是一份财富，经历就是一份拥有；淬火洗礼，越挫越坚，越挫越勇，坚如磐石，我们从中得到粹炼，得到成熟，得到成长，得到收获，此时的挫折和磨难，只不过是我们成功道路上的一块垫脚石。而挫折和磨难对弱者来说，是一道深不可测、无法逾越的鸿沟，甚至是他们自己的坟墓。驻足在这条鸿沟旁边，他们瞻前顾后、徘徊观望、唉声叹气，却没有想到这条沟正是自己给自己挖的，他们失去了战胜挫折和磨难的信心与勇气，自己放弃了很多本该和本能得到的美好东西。

在顺境中多思考，我们能保持清醒的头脑、稳健前进的脚步；在逆境中多思考，我们会找到失败的症结，踏上通往成功的道路。

因此，我们要追求成功，就必须作好随时迎接艰难险阻的准备，不要因为一时的失败而灰心丧气，而应该勇敢面对，努力拼搏，始终坚信“阳光总在风雨后”。古往今来，所有成功者都懂得“失败乃成功之母”的道理，为什么我们就偏偏要被失败打倒呢？

那么，我们该如何调整失败后的情绪从而重振旗鼓呢？

首先，要积极暗示自己。生活是千变万化的，悲欢离合，生老病死，天灾人祸，喜怒哀乐，都在所难免。一次被拒绝的失望，一场伙伴的误会，一句过激的话语，都会影响我们的心情，生活中的不顺心总是很多，这就需要我们每个人学会调节自己的心态。怎样调节呢？最简单有效的做法是用积极的暗示替代消极的暗示。当你想说“我完了”的时候，要马上替换成“不，我还有希望”；当你想说“我不能原谅他”的时候，要很快替换成“原谅他吧，我也有错呀”等。平时要养成积极暗示的习惯。

其次，告诉自己“总会有别的办法可以办到”。

竞争激烈的市场中，每天都有公司成立，每天也有公司停止运营，那些半路退出的人说：“竞争太激烈，还是退出保险些。”真正的关键在于他们遭遇障碍时，只想到失败，因此才会失败。

你如果认为困难无法解决，就会真的找不到出路。因此，你一定要拒绝"无能为力"的想法，告诉自己"总会有别的办法可以办到"。

我们的人生就如同大海里的船舶，随时都可能经历风浪，没有不受伤的船，也没有不经历磨难的人生。面对失败，我们不应该一味地怨天尤人和自暴自弃，而应该学会坚强，学会乐观，学会控制好情绪，更要会调整自己的心态。保持好精神，拥有好心情，才是至关重要的。

积极应对，苦难终将过去

人生之中，没有人愿意接受苦难的煎熬。然而，除了少数天之骄子能够顺风顺水地度过一生之外，大多数人都会经受苦难的磨砺。苦难，从悲观的角度来说是我们人生中的巨大障碍，甚至是看似难以逾越的；从乐观的角度来说，苦难是我们人生的宝贵财富，历经苦难之后的心，能够帮助我们的人生更加充实和积淀。因此，我们必须坚定不移地相信，一切苦难终将过去，就像人生中曾经的荣耀、光荣等。

从小，罗伯特就在农场里生活。这个农场，是他的父亲辛苦工作很多年才积攒了一些钱买下来的。这个农场不大，只有65公顷。在经济衰败的时期，农场的经营也受到很大影响。当时只有3岁的罗伯特不知道父母的愁苦，他们常常穷得连取暖的煤都买不起。为了渡过难关，小小的罗伯特也经常爬进猪圈，帮助母亲捡那些猪吃剩下的玉米秸秆，用来燃烧取暖。不得不说，这样的日子是很难熬的。

好不容易度过寒冬，到了次年春天，干旱很严重，地上都裂开了口子。然而，为了能够换取收成，父亲不得不把小心翼翼留下来的那些宝贵的玉米作为种子种到干涸的土地里。年幼的罗伯特问父亲："没有水，种子会枯死吧？"父亲语重心长地说："不播种种子，我们就不可能有收成。孩子，有的时候冒险是必须的。"随后，父亲把所有的玉米和燕麦种子都拿出来，种到了干涸的土地里。整整一个月，都没有下雨，父亲的表情总是异常严肃。

一个月后的一天，天上终于响起了轰隆的雷声。下雨了！尽管罗伯特兴高采烈地跑到雨里玩耍，也庆幸自己不用再挨饿，但是父母都知道这点雨水远远不够。很快，烈日再次把土地炙烤得干裂开来。就连水塘里的鱼，也因为干旱失去了生命。

辛苦劳作大半年之后，他的父亲好不容易才收到半车玉米，这与此前播种下的种子差不多。在餐前祈祷时，罗伯特听到父亲虔诚地祷告："上帝啊，感谢你的仁慈。今年，我一粒种子都没有损失，这都要感谢你的庇护。"当时很多农场主因为扛不住天灾，都开始出售农场。罗伯特的父亲没有这么做。他开始积极地向银行申请贷款，想要借助贷款渡过难关。在陪伴父亲去银行办理贷款手续时，罗伯特更加感受到父亲的力量。这次，他们真的借助贷款，熬过了天灾的日子。

许多年之后，罗伯特全家再次遭遇灾害。那是夏日的午后，他们突然听到远处传来怒吼声。放眼望去，居然有个龙卷风正在朝着他们的家移动。父亲当机立断，驾车带着全家人离开农场。等到他们回来之后，看到家已经不复存在。父亲坐在车里，突然崩溃般地失声痛哭：“完了，全完了！”龙卷风卷走了他们的一切，包括父亲刚刚修建的一大片房子。然而，父亲痛哭之后，没有放弃生活。他们去镇上花很少的钱，买来其他人家废弃的房屋建材，为家重新修建了一幢小房子。从此，他们又从一无所有开始起步。渐渐地，农场的经营越来越好，父亲也完成了毕生的心愿。

年轻的时候遭遇灾难，罗伯特的父亲从未放弃，而是始终满怀信心地与厄运搏斗。直到许多年之后，龙卷风让他们多年苦心经营的一切瞬间消失，父亲才失声痛哭。不过，对于父亲而言，哭泣只是发泄，是为了擦干眼泪更勇敢地面对未来。果然，他们再次从一无所有做起，重新得到了失去的一切。

哲人说，苦难本是一条狗，它会在生活的某个拐角不经意地就向我们扑来。如果我们畏惧、躲避，它就凶残地追着我们不放；如果我们直起身子，挥舞着拳头向它大声吆喝，它就只能夹着尾巴灰溜溜地逃走。

没有人的人生会是一帆风顺的。然而，即使再大的苦难，在我们的坚持下，也必然渐渐褪去。任何情况下，我们都要满怀信心。正如人们常说的，困难像弹簧，你强它就弱，你弱它就强。在强者面前，苦难就更像一个纸老虎，看起来吓人，其实打败它很容易。

感谢折磨你的人，他们督促你成长

人活于世，我们都渴望一帆风顺、事事如意，而事实上，我们总是遇到各种大大小小的烦心事，这些事也总是折磨人心，让我们焦躁不安、不得安稳，然而，人的生命就是一个破茧成蝶、不断蜕变的过程，我们的身心只有在不断历练、折磨之后，才会变得更加坚强，生命的厚度才会因此拓宽。法国文豪罗曼·罗兰说：“从远处看，人生的不幸、折磨还是很有诗意的！一个人最怕庸庸碌碌地度过一生。”

同样，追逐梦想的过程中，我们也总会遇到一些绊住我们脚步的人，甚至他们还会在我们努力的时候踹我们一脚，此时，我们唯有放平心态、正视脚下的路，感谢他们，我们才能成为领悟成功的人。

曾经有人这样说，看一个人的底牌，要看他的朋友，而看他的实力，则要看他的对手，的确，对手能激励我们不断进步，让我们奋勇向前。另外，我们所生存的世界本身就优胜劣汰，我们唯有不断进步，才能在竞争中胜出，所以，生活中的我们，面对敌人，不必害怕，而要心存感激，并且主动迎接他们的挑战，最终战胜和超越他们。

作为美国历史上大名鼎鼎的将军，潘兴将军在美国的很多战场上都战功赫赫。他不但镇压过墨西哥人的叛乱，而且参加了剿灭印第安人的战争。在第一次世界大战中，他的杰出表现更是给人留下深刻的印象。在第一次世界大战即将结束的前夕，他更是与英法联军联合战胜德国，在世界上树立威名。

潘兴将军治军严明，对于违反军纪的人严惩不贷，因而很多人都称呼他为“恐怖的杰克”。而且，他在战场上一向主张主动进攻，作为他的部下，巴顿将军也继承了他的优良传统，在战场上成为进攻狂人，绝不畏缩，更不退缩。为此，甚至连盟友都对潘兴将军感到恐惧。其实，大家不知道的是，潘兴将军小时候是个很胆小的孩子，经常被小伙伴欺负。有一次，潘兴在外面被一个小伙伴痛打一顿，不但被揍得鼻青脸肿，而且遭到他人无情的嘲笑。那天，他直到天黑才回家，一个人躲到卧室中痛苦不已。看到满脸伤痕的潘兴，父亲经过询问得知事情的缘由，因而教诲他：“如果你觉得自己很丢人，就应该让自己变得强大起来，这样才能一雪前耻。否则，你只知道躲在这里哭，永远也无法让自己扬眉吐气。孩子，振作起来，争取下次好好揍那个可恶的家伙一顿吧！”潘兴擦干眼泪，对着父亲点了点头。从此之后，他每天都积极锻炼身体，而且内心也变得更加勇敢坚强。几个月之后，当潘兴再次遭遇他人的挑衅，他没有哭泣，反而狠狠地揍了对方一顿。从此之后，他发现全村的孩子看到他都毕恭毕敬，闻风丧胆。正是这样的经历，才使得潘兴后来成为无所畏惧的大将军。在他的带领和鼓励下，全体将士也都勇往直前，无所畏惧。

如果没有那个曾经把潘兴打哭的孩子，也许就没有潘兴将军后来的成就。有的时候，影响我们人生轨迹的并非那些大的事件，而只是一件微不足道的小事。由此可见，命运的转折是随时都有可能出现的，我们必须抓住命运的契机，感谢那些曾经折磨我们的人，让我们的人生有了新的转机。

相信很多人都看过《阿甘正传》，对于阿甘，大家也都留下深刻的印象。阿甘小时候饱受欺凌，当他撒开双腿开始如同风一样奔跑时，他才真正战胜内心的恐惧，展开了人生的翅膀。生活就是这样，很多时候我们缺乏主观能动性，因而需要外界的力量督促和激励，甚至是逼迫我们不断前进。那些折磨我们的人，恰恰给予了我们这样的力量，他们使我们在痛苦中崛起，最终成就自己与众不同的人生。

可以说，即使你是个人际关系再好的人，你也有几个“敌人”，或许他们就是绊倒我们的人，或许他们让我们身负重担，让我们背黑锅，让我们活得不清闲。这时候你光是恨，永远无法从中学到该学的，也永远不懂自己为何失败。事实上，从宏观或整个人生大格局的角度来看，你的这些仇人，也正是你的恩人。好好感谢他们吧！也许就是因为当初他们将你推下水，你今天才学会“游泳”。

事实上，除了那些踹我们一脚的人，自打我们来到人世，还会遇到很多其他的麻烦、痛苦或折磨，例如，年少时，我们要面临升学压力、工作压力、生活压力，稍后，我们还可能面临失业、离婚、破产、疾病等，这些烦心事始终萦绕在我们周围，困扰着我们的头脑和心灵，甚至让我们寝食难安。然而只有历经这些困难的人，才能够更快、更好地成长，生活，只能在挫折中得到升华。因为如果你走的是一条平坦的大道，那么，你就失去了一个磨炼自己心智的机会，而若你选择了坎坷的小路，你的青春也许会充满痛苦，但人生的真谛也许就此被你打开。

没有经历过风霜雨雪的花朵，无论如何也结不出丰硕的果实。或许我们习惯羡慕他人的成功，感叹他得到的掌声，但是别忘了，温室的花朵注定经受不住任何风雨，温室的花朵注定要失败。正所谓“台上十分钟，台下十年功”，在他们光荣的背后一定有汗水与泪水共同浇铸的艰辛。那么，从现在起，感谢那些过去的和现在的逆境吧，即使你正在经受某些伤害，但正是这些伤害，教会了你独立，磨炼了你的心智，激发了你的斗志！

理想必须扎根在现实的土壤中，才会长成参天大树

生活中，尤其是那些斗志昂扬的年轻人，他们豪气万丈，为自己编织美好的未来，希望自己或者小有所成，成为某个行业的精英；或者在未来某个机遇的承载下，拥有自己的事业，创立自己的企业；等等。从小我们就被灌输理想对人生的作用和价值，树立理想是好事，它可以匡正你的言行，让你的努力有一个明晰的主线，但很多年轻人，对于理想的憧憬，似乎过了头。

如果你每天都在展望自己的未来，沉浸其中，却无切实可行的计划和措施，那你最好早早抬起头，看看现实的境遇。憧憬有时是拖累人生的陷阱。

著名的心理学教授丹尼尔·吉尔伯特认为：当人对未来充满憧憬时，那种感觉仿佛就像你已经在经历那一刻的美好，但这不过是个想象的黑洞，无休止地融入我们毫无关联的期待与先入为主。

想象未来、憧憬梦想，这在我们的观念里是极其正面的，树立人生理想，让理想指引自己前行，这千百年来的教育思想，在今天看来，落伍了吗？

其实，生活中，输得最惨的往往是那些聪明人而不是笨人。原因就在于笨人知道自己不够聪明，只能靠苦干、实干才能创造好的生活，最终他们如愿以偿。而聪明人做事时则不肯

下力气，总想着要小聪明、投机取巧，所以往往输得很惨，智慧和实干比起来，实干更加不可或缺。

1871年春天，英国医学院的学生威廉斯勒不明白应该怎么处理远大的理想和身边具体的小事，一个人应该有怎么样的做事态度才能成功。老师的一句话让他眼前一亮：“最重要的，就是不要去看远方模糊的理想，而要做手边最具体的事情。”他这才恍然大悟：是啊，不论多么远大的理想，都需要一步步实现；不论多么浩大的工程，都需要一砖一瓦垒起来。

也就是从那一天开始，威廉斯勒开始埋头读书，两年以后，威廉斯勒以全校最优异的成绩毕业。毕业后威廉斯勒来到一家医院做医生。他认真对待每一个患者，对每一次出诊都一丝不苟。兢兢业业的态度和精益求精的精神，使他很快成了当地的名医。几年以后，他创办了约翰·霍普金斯学院。他把自己的人生态度贯彻到每一个细节里。许多专家学者慕名来到他的学院工作，使他的学院很快成为英国乃至世界知名的学院。威廉斯勒总是告诉身边的人：最重要的是把你手边的事情做好，这就足够了。

很多时候，美好的憧憬总会若隐若现地给人以幻觉，让他们觉得自己离它很近，只要完成几小步的跨越就可以到达。但其实不然，现实的境地并不因为你的想象而变得容易。

不重视眼前的实际，身处“这山望着那山高”的境地，那表示你忘记了理想必须扎根在现实的土壤里，结果只能被理想和现实同时抛弃。你在人生的过程中会看到许多山峰，但你不可能翻越每一座山峰，得到所有美好的东西。命运对任何人都是公平的，当你为没有得到而苦恼时，还是仔细想一下自己将失去什么吧！

因此，我们每个人，尤其是年轻人，要记住的是，让自己沉下心来进入角色是非常重要的，越早进入就意味着越早地步入事业的轨道。每天都让自己成熟一些，浮躁之气自然会变少。

第8章

熬过最难熬的日子，便是阳光满地

有人说，成功就是从平凡到优秀的历练，也就是“熬”的过程，平凡如你我，既没有显赫的家世背景，也没有有权有钱的爸妈，要想实现人生的梦想，让自己距离目标越来越近，就只能无畏地投入激烈的竞争，让自己的实力和能力在竞争中得到增强，得以验证。就像一块璞玉要想成为美玉，必须经过无数次的精雕细刻和打磨一样，我们的人生同样是需要历练的。

无论如何也不要为自己找放纵的理由

纵观历史，你会得出这样一个结论——成功者无一不是战胜失败后获得成功的。事实上，人的意志力是强大的，可能我们对于自己能够变得多么坚强都难以想象！大多数的人能够承受超过我们所认为的压力。每一个人的内在都有无限的潜能，但除非你知道它在哪里，并坚持用它，否则毫无价值。世界著名的大提琴演奏家帕勃罗·卡萨尔斯成名之后，仍然每天练习6小时。有人问他为什么还要这么努力。他的回答是“我认为我正在进步之中”。

如果说，人一生的发展是不易反应的药物，那么压力就是一剂高效的催化剂。它不是鼓励你成功，而是逼迫你成功，让你没有选择不成功的余地。它带给人的，不仅是痛苦，更多的则是一种对生命潜能的激发，从而催人更加奋进，最终创造出生命的奇迹。

所以，我们需要记住的是，在这个竞争激烈的现代社会，面对压力，我们无论如何也不要为自己找懈怠的理由，而应该勤奋努力，朝更高的目标奋进。

任何社会中的人，都存在强弱之分，但更普遍的是强者更强，弱者更弱，弱肉强食。为什么会这样呢？因为弱者很多时候并不是努力充实自己，让自己变强，而是花费太多的时间抱怨，抱怨命运的不公。他们可能不明白，绝对的公平是不存在的，能力强才是硬道理。因此，既然我们没有办法选择社会环境，为什么我们不选择改变自己呢？我们与其去抱怨，不如努力提高自己，为自己在未来的竞争中处于优势而提前练好功力，这才是正道。功力都不想练，却想能够成为赢家，天下有这么好的事吗？

生活中的人们，可能现在的你每天为生活奔波，生活、工作压得你喘不过气来，你开始抱怨生活、抱怨上司、抱怨家人。其实，有压力，才有动力，压力带给我们的不仅是痛苦和沉重，还能激发我们的潜能和内在激情，让我们的潜能得以开发。

当然，凡事都有度，我们也要将压力控制在一定的范围内，因为人生就好像一根弦，太松了，弹不出优美的乐曲；太紧了，又容易断裂。唯有松紧合适，才能奏出舒缓且优雅的乐章。适当的压力，不仅是我们成长的必备养分，也是成就我们亮丽人生的重要元素！

永不停止向前的脚步

在人生的道路上，永远要保持奔跑的姿势，因为随时都有人在追赶你。美国历史上伟大的总统罗斯福，人到中年患上了小儿麻痹症。这样一个人，他通过比常人更加艰苦努力的奋斗，获得广泛的人心与支持，成为美国历史上唯一一位连任四任的总统，四次实现了孩提时的梦想。他为什么会获得如此成功？原因在于他没有停止脚步，一刻也没有停，即便是知道自己生病了，他也没有停止向前的脚步，因为他知道，自己不前进，就会有更多的人从自己身边跑过去。

美国大富豪洛克菲勒给儿子约翰的信中说：

老实说，我是一个不服输、坚持到底的人，从小我就想成为巨富。对我来说，我受雇的休伊特·塔特尔公司是一个锻炼我的能力，让我一试身手的好地方。它代理各种商品销售，拥有一座铁矿，还经营着两项让它赖以生存的技术，那就是给美国经济带来革命性变化的铁路与电报。它把我带进了妙趣横生、广阔绚烂的商业世界，让我学会尊重数字与事实，让我看到运输业的威力，更培养了我作为商人应具备的能力与素养。所有这些都在我以后的经商生涯中发挥了极大效能。可以说，没有在休伊特·塔特尔公司的历练，在事业上我或许要走很多弯路。

人类拥有巨大的潜能，而这种潜能的激发，很多时候都来自一种强烈的追求，来自不懈的追求，永远不停止的脚步。生活总是这样，如果我们不努力，越来越多的机会就会与我们擦肩而过，我们只能懒散地落在后面，眼睁睁看着别人迎接成功。

人生就是一个不断前进的过程，如果你觉得累了、倦了、不想继续走了，那你注定将落在别人的后面。有时候，追赶我们的看似是别人，其实是自己，当我们已经太过于自满，不懂得进步的时候，我们浑然忘记自己在这个世界还需要奋斗，这样，我们只会被时代淘汰，甚至在不明所以的情况下被淘汰。一个人若是不懂得进步，他只有被社会淘汰，被这个时代遗弃。成功就在远方，关键在于我们是否能坚持前进的脚步，保持永不停歇的姿势，唯有如此，我们才能拥抱成功。

通常情况下，越是有能力的人越容易自负，因为内心有着强烈的占有欲，如果任由这样的情况发展下去，自己会被自满吞噬，从而安于现状、不思进取。其实，在这些时候，我们都需要利用马蝇效应来鞭策自己，赶走身上的自负与骄傲、畏惧与自卑，激励自己，勇往直前，迎接人生新的一天。

对于我们自己来说，最大的欲求就是梦想，在人生的道路上，我们要以“梦想”这只“马蝇”来“叮”着自己、激励自己，让自己这匹“马儿”欢快地跑起来。

有时候，我们会满足于现状，不思进取；有时候，我们会自暴自弃，破罐子破摔。但是，生活还是要继续，我们停止了前进的步伐是因为我们内心已经松懈、倦怠，所以，适时鞭策自己，不断地鼓励自己，前方就是成功之路。只要我们不断地提醒自己、激励自己，我们就会像那匹被马蝇所叮的马儿一样，越跑越快，最终将心中的梦想变成现实。

任何成功都要忍受一段寂寞的时光

成功，往往需要一些细小的事情为其打下基础。那些细小琐碎的事情充满单调、乏味和寂寞。当然，事情并无大事、小事之分，不管我们如何努力，总要把事情做完。年轻人在平凡的生活中，凡事力求高效、完美，体现服务和奉献精神，才能在众人中脱颖而出。许多年轻人，应该保持正确的心态，培养忍受寂寞的能力。

努力的路充满了艰苦，而这条路永远都不会一帆风顺。不管是坎坷、无奈，还是寂寞和孤独，都常常伴随在努力者身边。在努力的过程中，当寂寞成为一种内心感受，成为生活的常态，成功看似很遥远，实际上它已经慢慢到来。在努力的路途中，能忍受寂寞，就是在守候成功。

华人导演李安执导的电影《理智与感情》被列入“影史伟大的100部英国电影”榜单。李安的成功，就好像一次生活的蜕变，但这个过程中，他付出了巨大的代价。内敛和害羞的李安曾说：“我天生竞争性不强，碰到竞赛，我会退缩，跟我自己竞争没问题，要跟别人竞争，我很不自在，我没那个好胜心，这也是命，由不得我。”这个信命的男人，却以自己强韧的耐心完成一次生命华丽的蜕变，从一个普通的男人蜕变成为响彻国际的大导演。

虽然，李安毕业时的作品《分界线》为他赢来了一些荣誉，但毕业之后，他没有找到一份与电影有关的工作，只得赋闲在家，靠妻子微薄的薪水度日。那段日子算是李安的潜伏期，他为了缓解内心的愧疚，不仅每天在家里大量阅读、大量看片、埋头写剧本，而且包揽所有的家务，负责买菜、做饭、带孩子，将家里收拾得干干净净。他偶尔也会帮人家拍拍片子，看看器材，做点剪辑处理、剧务之类的杂事，甚至有一次去纽约东村一栋很大的空屋子帮人守夜看器材。在这段时间，他仔细研究了好莱坞电影的剧本结构和制作方式，试图将中国文化和美国文化有机地结合起来，创造一些全新的作品。

后来，李安回忆起这段煎熬的生活，依然十分痛苦："我想我如果有日本男人的气节的话，早该切腹自杀了。"就这样，在拍摄第一部电影之前，他在家里当了6年的家庭煮夫，练就了一手好厨艺，就连丈母娘都夸奖："你这么会烧菜，我来投资给你开馆子好不好？"蛰伏了一段时间之后，李安出山了，他开始执导自己的第一部电影《推手》，紧接着，他内心对电影艺术的狂热终于等到机会发泄了出来，一部接着一部，部部都是经典，为其成功奠定了扎实的基础。

就这样，李安完成了一次生命中华丽的蜕变。

一个对电影怀抱理想和希望的男子，却甘愿在家里做了6年的"煮夫"，这需要何等的耐心呢？就连李安自己也自嘲说："我想我如果有日本男人的气节的话，早该切腹自杀了。"在那段煎熬的日子里，他不断蛰伏，就好像蝴蝶在蜕变之前所经历的一切环节，忍受着寂寞与孤独，忍受着枯燥和痛苦，却始终没能忘记自己的志向，总算等来了那一天，终于，他成功了，虽然，蜕变的代价是巨大的，但他已经忍受过来，现在的他，只需要轻轻地努力就可以采摘成功的果实，生活对于他，也从来都是公平的。

寂寞是年轻人一生中不可缺少的组成部分，伴随着成长，寂寞一步步进入人们的心里，一天天增强扩散。人只有在努力中煎熬，才会慢慢成熟，眼前才会出现一道道别样的风景。“古来圣贤皆寂寞，唯有饮者留其名”，唐朝著名诗人李白就是一个懂得享受寂寞的人，他自诩孤独的行者，自饮自乐，自歌自舞，忍受寂寞，才成就了他“诗仙”的美誉。

在努力的过程中，学会寂寞就是在拒绝诱惑。当对梦想的渴望更强烈，对成功的目标更坚定，忍受住寂寞，就是在走向成功。过早地妥协，只会让自己离成功越来越远。年轻人，要么为了不寂寞而甘于平庸，要么为了成功而甘于寂寞，人生就是这样，总是带着缺憾的美。没有谁的人生是完美的，为了成功先学会忍受寂寞吧！

每天努力一点点，积累出强大的力量

古人云：“锲而舍之，朽木不折；锲而不舍，金石可镂。”这句话的含义是，一个人只要找准目标，迈着坚定的步伐，每天努力一点点，义无反顾地向前走，最终会沐浴到胜利的光辉。很多成功人士的成功都是通过自己艰苦的努力获得的。

的确，万丈高楼平地起，枝繁叶茂缘根深。没有人能随随便便成功，只有勤奋、注重积累的人才能在事业上不断取得突破。眼高手低的人，他们不愿意躬身实干，因此他们会失去很多成功的机会。

一个犹太人和一个英国人一起找工作，在他们行走的路上有一枚硬币，英国人连看也不看，直接就走过去了，他认为自己是要挣大钱的人，这种小钱根本不值得自己弯腰去捡。犹太人看见以后，赶紧把钱捡了起来，他认为，只有积攒每一分钱，以后自己才能挣大钱。他们面试了一家小公司，英国人感觉自己在这里工作实在是太屈才，所以没聊几句就匆匆地走了。而犹太人却不这样认为，他认为公司虽小，但是自己在这里也可以学到很多东西，不仅有技术，还有管理经验。他积极乐观地对待自己的这份工作，他的能力终于得到老板的赏识，他的职位越来越高，工资也越来越多。而英国人面试了几家公司，总是觉得公司太小、工资不高，自己根本就不适合在这种小地方做这种小事，于是他不停地在各家公司奔波，却始终找不到适合自己的工作。两年后，两人在街上相遇，这时的犹太人已是一家大公司的经理，而英国人还在找工作。

同样，我们也要记住，每天努力一点点，长年累月，累积起来的力量足以干成任何大事。哪怕是一点点的力量，经过时间的打磨，也会蜕变成一股强大的力量，而这正是推动我们走向成功的力量。

如果你去过乡下，有幸可以看到有屋檐的老房子，那你就能明白其中的很多道理。在乡下，屋檐之下是石头砌成的平台，而屋檐上是瓦片铺盖而成的屋顶。每当下雨的时候，天上的雨水降落下来，滴在屋檐上，那水珠就顺着瓦檐流下来，好像珠子串成的帘子一样，顺着水珠滴落的地方，经过长年累月的打磨，坚硬的石头竟然出现一些小坑洼。那是多么神奇的力量，柔弱的水珠，竟然可以将石头滴穿？其实，不要为此感到惊讶，因为这就是“滴水穿石”的真实现象。

大自然的这些神奇力量一样可以引申到我们生活中，在生活中，那些可以忽略不计的力量，如果将之一点点凝聚起来，该是多么大的力量。不论是做人还是做事，我们都需要坚信水滴石穿的真理，坚守时间的打磨，终有一天，我们能够顺利地采摘成功的果实。

学坏容易学好难，一定要严格要求自己

古人云：“天将降大任于斯人也，必先苦其心志，劳其筋骨，饿其体肤，空乏其身，行拂乱其所为，所以动心忍性，曾益其所不能。”那些成大事者，都有“动心忍性”的自制力，

使其能守得云开见月明，走出逆境。自律就是自我管理、自我控制；自律就是战胜自我、超越自我。

一个人想要征服世界，首先要战胜自己。在日常生活中，年轻人很容易陷入自我的泥潭而无法自拔，沾染上一些坏习惯，整个人变得颓废不堪。学坏总是那么容易，而要想学好却是难上加难，为了避免自己一不小心走“下坡路”，我们应该时刻警惕自己的行为，努力走向上坡，欣赏别样的风景。

当自己没有了约束，那么你就会不断地放纵自己，直到毁灭的那一天。生活对于我们而言，每天都充斥着未知的诱惑，可能是金钱与地位，可能是享乐与欲望，但是，当你开始深陷其中的时候，是否察觉到人生已经开始走下坡路了呢？

哲人说：“贪图享乐是厄运的源头，克制好自己的欲望，做好自己的事情，才能平平安安地度过自己的人生之旅。”年轻人，随时警惕自己的行为，不要让自己踏上贪图享乐之路，无论是欲成大事者，还是一个普通的人，在任何情况下都不要放纵自我。

在物理学上，上坡需要消耗一定的能量，但是，能量一旦被释放就会转变成动能，会成为下坡的动力，这就是我们常说的“下坡容易上坡难”。其实，人生也有上坡与下坡，上坡可以比喻为“学好的过程”，下坡则比喻为“学坏的过程”，而最终成为的规律就是“学坏容易学好难”。

生活中，人们之所以会做那些让自己后悔的事，归结起来，大多也是因为自制力薄弱，抵挡不住诱惑，因此做了不该做的事。要培养坚定自制力的能力，首先要从心里认识到自律的重要，然后才能自觉地培养。只有坚决地约束自己、战胜自己，最终才能战胜困难，取得成功。

我们知道，那些取得辉煌成就的人，都是吃了很多苦才成功的，为什么他们自找苦吃呢？是他们以苦为乐吗？其实不然，大家对客观事物的情感体验是大致相同的，没有人早起晚歇地工作而不觉得累，没有人不觉得娱乐是有趣的，没有人觉得累得腰酸背痛是舒服的，没有人觉得周末睡个懒觉是难受的……“以苦为乐”是他们帮助自己增强自制力的一种心理暗示方法而已。那么他们为什么要自找苦吃呢？其实他们是将目标放在经过一定的苦而获得的更长远的快乐上。大部分人的目光只放在眼前，求了一时之欢，却要在之后的日子承受长久的痛苦，“少壮不努力，老大徒伤悲”。成功的人，他们“不惜金缕衣”，而珍惜时间；他们坚信“吃得苦中苦，方为人上人”，他们也是趋乐避苦，不过趋的是大乐，避的是大苦。

同时，自律对于初入社会的年轻人也显得尤为重要。在你们的工作和生活中，自律在很多方面都发挥着巨大的作用：它能督促自己去完成应当完成的任务；能抑制自己的不良行为，如贪婪、懒惰；能缓解不良情绪，如冲动、愤怒、消极；能抵御外界形形色色的诱惑；等等。相反，如果没有或缺少自律，不良的行为和情绪就会反过来控制你，你将失去意志力、信心、执着和乐观，失去获得成功的机会，甚至会偏离人生的方向，误入歧途。

选择吃苦，在吃苦中不断磨炼自己

一个人如果不通过不断的磨砺来提升自己、完善自己，就会让自己私欲膨胀，自己的意志也变得软弱。一个人若是想要成就一番事业，那就必须不断地磨砺自己，除此之外，别无他法。对成功人士来说，任何苦难都不足以让他心灰意冷，相反更加鼓舞士气，激发起一定要做成大事的欲望。能吃苦的人，能够得到他所要的东西。吃苦即是成功之路，只有能吃苦才能转败为胜。对所有的人来说，希望和耐心是两剂有特效的自救药，也是人在患难中最可靠的依托和最柔软的依靠。确信无法突破的时候，首先要选择的是吃苦。

要记住，上帝永远偏爱那些努力奋斗的苦孩子，我们唯有赢得上帝的青睐和眷顾，才能彻底改变命运。其实，经历过的苦难就是一笔财富，终将等来成功的一天。的确，对于生活在现代社会的年轻人，苦难何尝不是一笔财富呢？在日常工作中，或许，我们每天都会遇到这样或那样的苦难，在短时期内，我们可能难以接受，也感觉自己跨越不了，但是，只要我们坚定意志，不畏困难，终会成大器。无论是工作，还是为自己那份理想而努力，只要我们将苦难当成朋友，就一定能熬过去，最后成为人上人。

在工作中，在追求事业的过程中，苦难是不可避免的，有可能是降职，有可能是被炒鱿鱼，有可能是工作不顺利……面对这些苦难，每个人都有自己的选择，有的人选择抱怨，有的人选择自暴自弃，有的人选择隐忍、奋进。对于年轻人，尤其需要作好吃苦的准备，只有吃得苦中苦，方为人上人。

其实，在很多时候，我们都忽视了苦难本身的意义。从古至今，那些大凡取得成就的人，他们无一不承认苦难是自己成功的基石。虽然，苦难让我们变得脆弱，但与此同时，它让我们变得聪慧。所以，学习曾国藩的官场哲学，忍受工作中的苦，不断地磨炼自己，终有一天，你也会成为人上人。

第9章

愿你往后路途，深情不再枉负

我们都知道，现代社会是靠实力说话的时代。有了实力，你才会被重视，在工作中，你的意见和建议才会引起上级的关注。实力可以让你体会工作的乐趣，以及自己创造的价值，最关键的是可以获得那种幸福感。因此，我们只有从现在起，努力学习、积累知识和经验，在往后的路途上，才能更轻松，才能更容易实现自己的价值和理想。

认真地活在当下，才是最真实的人生态度

有人说，要想活出今天的精彩，一定要学会做三件事。第一件事是只看眼前，把未来会发生的麻烦抛之脑后，这样，你会觉得无比地轻松与满足。第二件事是学会感恩，对待生活，有些人总是心心念念地记得那些困境和挫折，对生活给予他的幸福和快乐视而不见，显然这样只会让他徒增烦恼。第三件事是学会放手，要知道，舍得舍得，凡事有舍才有得。

许多人喜欢预支明天的烦恼，想要早一步将其解决。其实，明天如果真的有烦恼，你今天是无法解决的。每个人每天都有各自的任务和使命，唯有认真地活在当下，努力做好事情，完成今天的任务和使命，才是最真实的人生态度。

同样，生命的意义也只能从当下去寻找。过去的事，均已过去而不存在。不论是多美好且令人怀念，或是多么丑陋令人追悔，都没有必要沉湎于过去的情绪当中。对过去的怀念或追悔，只能徒增自己的烦恼，进而干扰当下该做的事情。当然，检讨与反省过去，以为后事之师是可以的，但没有必要因此而影响当下的情绪。

的确，无论明天是美好还是悲惨，明天都终究会变成今

天。我们与其提前为了明天担忧，导致错失今天，不如在明天真正到来的时候，等到明天真的变成今天，我们再活好今天。在无数个昨天和明天之中，今天起到承上启下的作用，昨天在之前也是今天，明天在未来也是今天，可以说，整个人生就是由今天组成的。人生之中，规划是很有必要的。我们有什么样的心态就会有什么样的人生，人生虽然不能改变我们，但我们可以改变它，让我们的每一天都有滋有味、精彩非凡。以下几点能帮你更好地改变人生。

（1）把握现在，人最怕的就是等待，千万不要为了等待而活。如果你一辈子都在等待，等待着你的爱情、等待着你的工作、等待着站在人生的巅峰，那么，你根本无法把握现在，那又谈何精彩。

（2）不求完美。因为追求完美的人，比较容易焦虑和沮丧。

（3）减轻压力。在百忙当中，我们应该学会偷闲，让自己无牵无挂，才能仔细品尝生活的乐趣；

（4）培养幽默感。幽默感可以让人发笑。笑，可以减轻痛苦。

（5）知足。知足常乐，人的欲望无穷无尽，不能满足时，便难以快乐，因此唯有节制物质欲望，使欲望容易得到满足，才会产生快乐。

（6）助人。助人为快乐之本。帮助别人的结果是帮助自己，使自己从中获得快乐和满足，助人不一定要在物质上帮助，简单的举手之劳或关怀的话语，也能让别人快乐，自己也感染到快乐。

人生的事，没有十全十美的。愿我们都能真实地活在现实、活在当下，珍惜我们活着的每一天。

马斯洛说：心若改变，你的态度跟着改变；态度改变，你的习惯跟着改变；习惯改变，你的性格跟着改变；性格改变，你的人生跟着改变。在顺境中感恩，在逆境中依旧心存喜乐，认真活在当下，真实地活在今天才是最可宝贵的。

越恐惧，越痛苦

生活中，困难无处不在，而很多时候，打倒人们的不是这些困难，而是内心放大的恐惧。有这样一个小故事：有一只鸭子，在河面上不停地游来游去，想要找鱼吃。可是游了一整天，一条鱼也没找到。到了晚上，它看到月光倒映在水中，以为是鱼，就潜下去捕抓。这时，其他鸭子看到了，都大大地嘲笑了它一番。受此打击后，它即使真的看到鱼儿，也不敢再去捕捉，结果很快就饿死了。

面对无法避免的压力和打击，如果我们不能用良好的心态面对，结果也就只能和那只鸭子一样，惧怕尝试，即使成功就在眼前，也不敢跨出一步，最终倒下。

这个简单的道理可能每个渴望成功的人都懂，一些人总是抱怨命运不公，抱怨自己的处境糟糕，抱怨创业难等，但说到克服困难，似乎那些刚出世没多久的小毛孩反倒比大人勇敢。孩子们敢和鳄鱼拥抱，和巨蟒共舞。因为无惧，所以无畏。

我们每个人都应该记住，无论你失去什么，都不能失去勇气。而勇气也并不是一蹴而就就能获得的，是需要你在当下的日常生活中逐渐培养的，可能你认为现在的自己确实勇气不足，那么，你可以尝试做一些你没有做过或者不擅长的事，这是一种对自我的挑战，因为胆小怕事，就不可能获得成功。风险中肯定有困难，但困难中蕴藏着巨大的机会。

如果你不能自己除掉恐惧，那阴影就会跟着你，变成一种逃也逃不了的遗憾。不要因为恐惧失望而害怕尝试。一旦你正面面对恐惧，很多恐惧都会被击破。

在今天开放的全球化世界中，随机性和偶然性越来越大，机会更是变幻莫测，难以捉摸。在如此不确定的环境里，勇气就成了最宝贵的资源。人这一生最可悲的不是没有能力，而是没有勇气。当机遇一次次擦肩而过时，如果没有勇气去抓住，那么其他方面再怎么强也没有用。相反，有了充足的勇气，哪怕自己的条件比不上别人，成功的机会也比别人更多。

现实生活中，可能一些人已经习惯安稳平淡的生活，似乎少了很多战胜困难的勇气。人生中有许多困难并不是什么坏事，因为逆境可以造就英雄。有了这些磨炼，美玉才会更加完美，刃器才会更加锋利。命运多舛并不是什么可怕的事，可怕的是，你无法去克服和跨越它们。

当你遇到困难时，理所当然，你会考虑到事情的难度所在，如此，你便会产生恐惧，会将原本的困难放大。但实际上，假如你能减少思考困难的时间，并着手解决手上的困难，你会发现，事情远比你想象中简单得多。那些成功的人士，都是靠勇敢面对多数人所畏惧的困难，才出人头地的。美国著名拳击教练达马托曾经说过："英雄和懦夫同样会感到畏惧，只是英雄对畏惧的反应不同而已。"麦克阿瑟在西点军校的演讲中也曾说过这样一句话："不正面面对恐惧，就得一生一世躲着它。"

所以，我们每个人都要明白的是，我们所谓的困难并没有那么可怕，之所以不敢勇敢跨出这一步，是因为你内心的恐惧在作怪。恐惧将困难放大，就会压倒你自己；如果你勇敢一点，打倒恐惧，你会发现，原来，所谓的恐惧只不过是纸老虎。

无论如何，笑对人生

生活中，我们发现，有些人每天都乐呵呵的，不管发生什么事情，他们看起来都是乐观派，从不让忧愁占据自己的心。相反，有些人则整日愁眉苦脸，哪怕生活很厚待他们，命运也青睐他们，他们也总是贪心不足，抱怨连天。难道生活真的如此厚此薄彼，所以导致后者闷闷不乐吗？其实不然。命运是公平的，就像有人说的，当上帝为你关上一扇门，就会为你打开一扇窗。

其实，笑对生活，还是愁对生活，并不取决于生活，而是取决于我们的内心。当我们积极乐观，对生活充满希望，我们就能做到笑对生活。假如我们总是满面忧愁，满心烦恼，我们就会对生活愁眉苦脸，再也没有笑模样。如果说前者给自己和身边的人带来的是积极的正能量，那么后者给自己和身边的人带来的则是消极的负能量。正如一位名人所说的，这个世界并不缺少美，而只是缺少发现美的眼睛。我们也要说，这个世界并不缺少快乐，缺少的只是坚持快乐的心。

对于人生，我们必须采取辩证的观点去看待，而且要理智面对人生的诸多感情。当我们把注意力都集中在人生的负面，那么我们必然觉得消极悲观，甚至对人生失去希望。相反，当我们把注意力都集中在人生积极的一面，我们就会更加感受到人生的幸福快乐，从而对人生充满积极的力量。总而言之，我们的人生掌握在我们自己手中，虽然人生不易，但是我们要且行且珍惜，这样才能最大限度地发挥人生的实力，从而为我们的人生赢得最好的结局。

很久以前，有个老婆婆整日愁眉苦脸地坐在家门前。

有一天，邻居经过老婆婆的身边，看到她忧愁的样子，忍不住问："老婆婆，你怎么了？总是郁郁寡欢的样子。"老婆婆愁眉不展地说："今天下雨，我的小女儿是开染坊的，她一定没法晾晒染好的布。”邻居安慰老奶奶：“没关系，明天就是晴天，你小女儿染好的布，一定能够很快晒好的。”不想，老婆婆还是欲哭无泪的样子，她依然忧愁地说：“明天如果是晴天，我的大女儿是卖伞的，她的伞肯定就卖不出去了。”

听到老婆婆这么说，邻居不由得觉得啼笑皆非，说：“老婆婆。你这样雨天也不高兴晴天也不高兴，什么时候才是个头啊！要是你改变思路，换个想法，你也许每天都会很高兴呢！”听了邻居的话，老婆婆惊讶地问：“真的吗？我怎样才能真正高兴起来呢？”邻居笑着说：“每当下雨的时候，你大女儿的伞很好卖。每当晴天的时候，你小女儿染好的布很快就能晾晒好。不管晴天还是雨天，你们家的两个女儿都能赚到钱！”老婆婆认真想了想邻居说的话，不由得转忧为喜，开怀大笑。

对于老婆婆而言，雨天小女儿不好晾晒染好的布，晴天大女儿卖伞的生意就很差。这么想来，她无论如何也高兴不起来，因为不管是晴天还是雨天，她总有一个女儿要遭受损失。但是在邻居的一番开导下，她调整心态，意识到雨天大女儿卖伞的生意好，晴天小女儿方便晾晒染好的布，不管是晴天还是雨天，大女儿和小女儿总有一个得到便利，生意兴隆。想到自己家里每天都财源广进，她当然心花怒放。由此可见，对于同一件事情，我们的心态不同，情绪和感受也就变得不同。

人生在世，没有人的一生会是一帆风顺的。要知道，在漫长的人生路上不管遭遇怎样的坎坷挫折，都是合理的。因而朋友们，当感到人生不如意时，不要急着抱怨，而是反思自己是否真的已经竭尽全力，把握命运，改变人生。只有我们心中始终满怀希望，才能最大限度发挥自身的潜力，从而拥有精彩辉煌的人生。记住，人生是喜还是悲，完全是由我们自己决定的，既然如此，我们还有什么必要怨天尤人呢！赶快按动情绪按钮，让自己快乐地面对人生吧！

洒脱自在，凡事拥有一颗平常心

我们常常听到这样一句俗语：“命里有时终须有，命里无时莫强求。”生活对于每个人来说，蕴藏着无限的哲理与深意，要做到不为世事缠缚、洒脱自在，对生活的要求就不能太多。

《小窗幽记》中有这么一副对联：“宠辱不惊，看庭前花开花落；去留无意，望天上云卷云舒。”一副寥寥数语的对联，却深刻地道出人生对事对物、对名对利所应该具有的态度：得之不喜、失之不忧、宠辱不惊、去留无意。做到如此才能有一颗平常心，才能够心境平和、淡泊自然。

一切都会过去的，人生是一个过程，而不是一个停留的状态，人生是不断前进的方向，不是一个停滞的终点。用平常心去生活，这才是人生的智慧。不管事情是好是坏，没有永恒不变的，相信一切都会过去，只要我们足够努力。

的确，生活就是由各种大大小小的事组成的，按照世俗的标准，人们在做事的时候，有成功，就有失败；有得意之作，也就有失意之作；有过艰辛，当然也伴随着快乐。成功如何？失败如何？其实，这些都是生活的插曲而已。“凡事顺其自然；遇事处之泰然；得意之时淡然；失意之时坦然；艰辛曲折必然；历尽沧桑悟然。”这“六然”的句子，凝集了人生的处世智慧。然而，人们更愿意相信事在人为，相信人的力量是积极向上的一种表现，但刻意追求可能会带来失落、沮丧、遗憾等，以自然的心态面对，反而会收获满满！

凡事顺其自然，确实至为重要。有些事情就是奇怪，你越努力渴求的，它反而迟迟不来，让你等得心急火燎、焦头烂额。终于，你等得不耐烦了，它却又如从天降，给你个惊喜满怀。

任何事情的发生、发展都是有一定的规律的，因此，我们不必急于求成、急功近利。凡事在开始之前多思考，可能效果更好。假如不按客观规律办事，只能瞎忙活。如果我们在生活中学会按客观规律办事，就会获得事半功倍的效果。

凡事追求顺其自然，并不是消极避世，而是站在更高层次来俯视生活的一种睿智。当你看到电视剧中一些人为名利、地位争得头破血流时，你有什么感慨？当你的邻居们为了一点小小的利益而拳脚相向时，你会怎么看？是可怜，是可笑，是可悲，还是可爱！也许我们能从中有所收获吧。当人们都顺其自然，那淡然、泰然、必然、坦然、悟然也就水到渠成。

读一切好书，充实自己的心灵

我们都知道，现代社会，竞争日益激烈，知识更新换代的速度越来越快，我们每个人，如果不坚持学习，丰富自己的知识结构，就会被时代无情地抛弃，其实，要想充实自己，最简单快捷的方式，就是读书。每天，每小时，每分钟，我们都可以找出点点滴滴的时间，信手地拿起一本书，细细品味，深刻思考。书籍，是人类知识的灵魂。不管时代如何发展，书籍在人类的历史上都占据着无可取代的重要地位。除此之外，如果有时间也有闲情，还可以四处旅游，走走看看。总而言之，充实心灵的方式有很多，既有适合足不出户的，也有适合大段时间的。只要是有心人，总是能够找到时间充实心灵。

我们不妨先来看下面一个囚犯的日记：

我稀里糊涂就穿上了这身囚服，进来后，我才知道曾经拥有的自由是多么珍贵，现在也终于知道了什么叫寂寞。

当然，牢房里大家也谈论这样那样的话题，但我并不感兴趣，可能我们都有不堪的过去，也不愿意交心吧。正是因为这样，心里的那份孤寂就更明显。

后来，我去了监狱图书馆，找到几本书，我发现读书很有趣。后来，我一有时间，就读几本书，我不急不躁，细嚼慢咽，居然读了进去。接下来，我又喜欢上道德、法律方面的书，竟让我读出了心得，读出了情感。到后来，我已不光读，而是在

“听”了——听哲人谈人生道理，听名人谈生活经验，听学者对世事的看法，听强者怎样面对挫折。在一年的时间里，我读了几十本书，书读得多了，才发现自己曾经错得离谱。不过现在还来得及，于是，我拿起久违的笔抒发对亲人的思念、检讨曾经的得失……一篇文章的构思过程，就是一次心灵净化与充实的过程，虽然难免有忧伤、有惆怅、却不浮躁、不空虚。曾经失落、沮丧的心绪已渐渐舒展，漫长的时光已不再无聊、不再孤寂。这是否算一种境界，一份收获？我一度认为监狱生活难熬，但现在我认为，我刚好可以趁着这段时间好好学习和提升自己，让自己多学些有用的知识，以后出去了也能用得着。学会在寂寞中充实自己，人生才会感到充实，才能得到许多意想不到的收获！

看到这篇日记，我们不得不感到欣慰，孤寂的牢狱生活并没有让他再次堕落，他选择以读书来充实自己的内心。

因此，我们可以确定的是，他所读的书是能开启他正确人生之路的钥匙，在读书的过程中，心与书的交流，是一种滋润，也是内省与自察。伴随着感悟与体会，淡淡的喜悦在心头升起，浮荡的灵魂也渐归平静，让自己始终保持一份纯净而又向上的心态，不失信心地契入现实、介入生活、创造生活。

那么，我们该怎样阅读呢？为此，你需要做到：

1.去粗存精，学会挑选健康、积极、有益于自己身心发展

的书刊

我们不得不承认，现在市场上充斥着各种书刊，并不是什么书都能起到充实心灵的作用，真正有品位，适合鉴赏的寥寥无几。因此，在阅读这一问题上，我们并不一定要求读书的数量，而应该重质量。你可以向那些知识丰富者请教，让他们对你的阅读给出一些指导性意见。

2.注意培养自己的阅读方法

要学会带着感情阅读，这有利于培养自己的表达能力以及想象力。另外，你还可以写一些读书笔记，写出自己的感受。另外，睡前阅读是最佳阅读时机，浅睡眠时期最容易进行无意识的记忆，因此睡前的阅读一定要把握。

3.将书本上的知识与生活认知结合起来

例如，在周末你读完一本海洋动物的书，就可以去海洋馆看看海豚、海豹到底是什么样子；看过植物书后，就可以去野外认识各种可爱的植物。这样就可以使阅读变得很有趣，你的读书兴趣就会逐渐建立起来。

约翰逊医生说："一个人的后半生取决于他读到的第一本书的记忆。"因此，你需要记住，如果一本书不值得去阅读，就大可以不读，否则，你只会让自己装了一肚子的书，却解决不了生活中的一个小问题。对此，你可以询问父母，让父母引导自己找出喜欢并优秀的文学作品，而不要浪费时间阅读垃圾文字。

书中自是知识的海洋，读什么书、怎样读，都能对我们产生不同的作用，读一本好书，我们才会从书中获得真正的知识！

努力养成优秀这一习惯，你就成功了

我们都知道，当今社会是一个需要人们不断学习的社会，知识的更新速度越来越快，曾有人说，“知识的半衰期仅为5年”，也就是5年之内，掌握的知识就有一半过时。这句话无疑警示所有的人，要想在当今社会生存并发展下去，我们必须不断地学习和充实自己，不断地更新自己的知识结构，继而成为一个优秀的人，否则，我们只能被时代所淘汰。

日本女作家吉本芭娜娜曾出版40本小说和近30本随笔集，在接受《鲤》杂志的采访时，记者问她：“很多女人在生育后似乎就没有时间了，而您也是一位母亲，哪来的时间写作呢？”

吉本芭娜娜说：“时间确实不够用，但是我一直在努力，争取多抽出时间来写作，我每天都在和时间赛跑，最夸张的时候，你能想象吗？我几乎是站着吃饭。”

估计许多年轻人看到这里会感到羞愧吧，比起吉本芭娜娜，许多人总是感慨自己时间不够、事情做不完，却从来不去利用那些零碎的时间。

也许，有些人会说，我不够聪明。而实际上，即使智慧，也源于勤奋。没有人能只依靠天分成功。自身的缺点并不可怕，可怕的是缺少勤奋的精神。勤奋面前，再艰巨的任务都可以完成，再坚定的山也会被“移走”。滴水能把石穿透，万事功到自然成。唯有勤劳才是永不枯竭的财源。

的确，任何一个习惯一旦养成，它就是自动化的，如果你不去做反而会感觉很难受，只有做了才会感觉很舒服。因此，关于好习惯的培养，你不妨给自己订一个计划，然后用日程本记下自己执行计划的过程。那么，21天后，你将养成好习惯，坚持21天，你就会成功。坚持21天，就能改变你的意识，影响你的行为，为你带来超乎想象的成功。你又何乐而不为呢?

那么，生活中的人们，你该怎样主动去培养那些成功的习惯呢?

1.变懒惰为勤奋

如果你是个懒惰的人，你不妨作出以下改变：不要天天让家人给你拿碗筷；闲暇时帮家人做点家务；每天整理干净再出门，不要给人邋里邋遢的感觉。学习时，变主动为被动，积极起来……

2.养成读书的习惯

除了你学习的书本知识外，你还应多阅读课外书籍，多读书最大的好处是增长知识、陶冶性情、修身养性。

3.让好奇心引导你探求知识

可能你觉得现在的你已经具备很多知识，但事实真的如此吗？再退一步讲，人生的知识并不是书本上的，你真的对周围生活和自然以及各个方面都了如指掌吗？如果你觉得自己什么都懂，你多半不是一个谦虚的人，实际上，越是知识渊博的人越是发现自己知道得少，培养好奇心也可以达到同样的效果，越是充满好奇越是对未知充满敬畏，也就越谦虚。

4.勇于创新

骄傲自满，你将很快就被超越，只有进步才能获得更强的竞争力。然而，没有创新就不可能进步。因此，你应该将自己的求知欲望和求知兴趣激发出来，鼓励自己多参与动脑、动手、动眼、动口，使自己善于发现问题、提出问题，并尝试用自己的思路去解决问题。

5.要有坚定的决心和持之以恒的毅力

这是老生常谈的话题，但依然重要。那么，如何做到中途不放弃？你要有良好的心态，乐观的精神和自信心。很多人选择目标后又中途放弃，就是因为觉得坚持这么久，没有成果，觉得自己学的知识没有用。其实，条条大陆通罗马，既然选择了自己的路，就要毫不犹豫地走，一直在原地徘徊、犹豫不决，不知是否该前进，只能让时间白白流走而已。

当然，任何习惯的改变和形成，都是艰难的，但只要我们经历一段时间，一旦习惯形成，它就会成为一种自动化的、下意识的行为反应。

第10章

世界不能满足你所有的幻想，但不妨碍我们热爱它

有人说，生活就是蕴藏着无数的酸甜苦辣、悲欢离合，生活就是一所包罗万象的大学，而人生也因充满坎坷的历练才变得多姿多彩。有句话说得好：“能受天磨真铁汉，不遭人嫉是庸才。”我们不得不承认世界不公平，承认生活残酷，但即便如此，我们依然要热爱生活，只有这样，我们才能心平气和，才能拥有从容不迫的心态，最终改变命运，远离厄运，得到福气。

面对世界的不公平，努力才是唯一出路

比尔·盖茨说：“社会是不公平的，我们要试着接受它。”这个世界没有绝对的公平，假如真的绝对公平，反而会是另外一种不公平。一个人从呱呱坠地，就有很多的不公平，有可能是出身背景不同、家庭关系不同、受教育程度不同，这些对我们而言都是一种不公平。如何缩小与他人之间的距离？唯有努力才是出路。每天我们为了生存，不得不努力地挣扎，以争取属于自己的那片天地。很多时候，我们努力了，却没有得到期望的结果。这时不要较真、不要哭泣，也不要怨天尤人，我们需要平静地面对这个世界，因为在这个世界没有绝对的公平，只有努力才是唯一的出路。

希望永远存在我们的心里，不管我们此刻面对的人生多么艰难，只要我们心中有希望，我们的人生之路上就有灯光。在暗夜中，恰恰是那如豆的灯光给了我们无限的温暖和慰藉，也让我们的人生之路更加开阔。要知道，任何人都不可能占尽优势，绝无劣势。更多的时候，人的优势和劣势是相互转换的，也许在这种情况下是优势，到了另一种情况下就变成劣势，反之亦然。由此可见，只要我们心怀希望，努力寻找生机，即便

遭遇绝境，也能绝处逢生，为自己赢得更多美好的未来。

大学毕业后，李斌就进入现在这家公司工作，他选择这家公司的原因之一是这家公司有个海外拓展计划，以后也许能够争取到机会出国。

为此，李斌自从进入公司之后就兢兢业业地工作，从未有过一天的放松。果不其然，李斌负责的海外市场的工作进展非常顺利，接连几个大项目都顺利上马。

原本，李斌以为自己距离梦想中的成功越来越近，不想有一天中午，老总突然叫李斌去他的办公室谈话。这次谈话之后，李斌被调到另外一个刚刚成立的部门，虽然老总美其名曰李斌能力强，能够帮助公司打开局面，但是大家都心知肚明，那个部门形同鸡肋，弃之可惜，食之无味，简直没有任何可取之处。

面对这样的遭遇，也许有些人在冲动之下就会选择辞职走人，但是李斌则静下心来，开始努力学习英语，以便机会到来时能够抓住机会。果不其然，当李斌在新部门里把英语水平从四级提升到八级，而且通过托福考试之后，他突然得知公司的海外事业部正在招聘一个熟悉内地市场的人，他毫不犹豫地投递简历和资料，参加了竞聘。果不其然，工作经验和英语水平都完全符合要求的李斌，顺利获得了这个职位，也如愿以偿地去了澳大利亚分公司工作。至此，李斌终于坐完了人生的冷板凳，迎来了人生中新的阶段和机遇。

在遭受冷遇的时候，李斌没有愤怒，更没有抱怨，他看似逆来顺受，实际上却在抓住每一分每一秒的时间帮助自己作足准备，迎接机会的到来。正因为他能坐好人生的冷板凳，让自己准备充分，所以他才能在机会到来时准确抓住，从而实现自己的人生梦想。不忘初心，方得始终，不管是处于人生的顺境还是逆境，我们都要始终保持积极乐观的人生态度，这样才能最大限度地发挥自身的实力和潜力，创造出与众不同的辉煌人生。

面对李斌的这种情况，可能有些人会不停地抱怨，但这样做于事无补，反而会使自己陷入恶性循环之中。除了这种冷板凳，我们在生活中还会遇到各种不公平，此时，大部分人会选择抱怨，似乎抱怨是他们唯一的出路。明智的人则不会这么做，因为他们知道与其花费宝贵的时间和精力来抱怨，不如努力提升和完善自己，使自己在人生之中得到更多的馈赠和礼遇。也许他们并不能如愿以偿，但是只要展开切实的行动，他们就能赢来契机，从而改变命运。

人的成长是一个漫长的过程，能否取得最后的胜利，不在于一时的快慢，如果你能够在自己成长的道路上静下心来，遇到困难不气馁、不灰心，矢志不移地前进，那么你必将获得最后的胜利。

面对世界的不公平，任何的抱怨以及堕落只会成为你失败的烂借口，唯有努力和坚持才是抵达梦想的基石。世上没有什么东西能够代替努力，才华不能代替它，那些有才华的人不能成功的事例太常见了；天赋不能代替它，“没有回报的天赋”

都快成一个俗语；接受过教育也不能代替它，世界上到处都是接受过教育而不得志的人，只有努力才是唯一的出路。

越努力，越幸运

现代社会，各种竞争接踵而至。除了天生就有好运气的人，大多数人都要面对命运的无常和残酷，更要竭尽所能地与命运抗争，从而改变命运，收获与众不同的人生。其实，那些寒门走出来的成功者，不但没有显赫的背景，更没有平顺的命运，相反，他们往往命运多舛。他们之所以能够获得成功，就是因为他们懂得“越努力，越幸运”的道理。

在不少人眼里，莎莎是一个努力的女孩，她几乎一年360天都在工作。几年前，她看起来还有点婴儿肥，现在却摇身一变成为纤瘦励志女神。当然，莎莎的变化不仅在外表上，她还陆续推出了有影响力的作品，其能力也得到大家的认可，可以说成为圈内的劳模代表。

但是，面对这些变化，莎莎说：“我希望努力度过每天，做最棒的自己，努力是一个很好的开始。”其实，莎莎从来没有想过自己会成为活跃在大荧幕上的明星。小时候莎莎的父母对她要求很严格，让她学画画、硬笔书法、琵琶等，涉猎广泛，在这个过程中莎莎慢慢明白努力有多么重要。父母经常对莎莎说：“你可以不是第一名，但你一定是最努力的那一个。”所以，一直以来莎莎都坚信“越努力，越幸运”，她希望通过自己的努力来赢得一次又一次的好运。她说：“加倍努力，终于让我化茧成蝶。”

在通往成功的路途上，任何的抱怨都无济于事，任何的借口都是白搭，唯有努力才是真刀实枪的本事。努力的人，不用去寻找好运，因为他就是好运。越努力越好运，这确实是一个成功的奥秘。努力本身带给我们的益处远远大于成功，在努力的过程中，不断磨炼，不断尝试，到成功那一天，所有的努力都会聚沙成塔，成就自我。

大学毕业后，威廉的求职战役正式打响，他向大部分知名企业投递了大概20份简历。那真是一段不堪回首的岁月，他天天跑招聘会，但自己的努力看不见任何回应，那些投递出去的简历如石沉大海杳无音讯。好不容易有一家公司通知面试，但是找工作的路途依然曲折坎坷。

威廉在笔试上失意过，在群面时因插不上话而被刷掉，和许多求职的年轻人一样，他曾经历过低谷期，但他始终努力着。遇见太多糟糕的事情，他反而觉得一切都会慢慢好起来；情绪太过糟糕，他反而知道应该如何来梳理情绪；了解了自己的缺点之后，他反而知道什么工作才是最适合自己的。在每一次求职失败后，威廉都会反思自己的缺陷和不足，总结失败的经验，从来没有放弃过努力。

威廉说："天赋决定一个人的上限，努力则决定一个人的下限。"许多年轻人根本没有努力到可以拼搏天赋，就已经放弃，威廉深知自己没有一步登天的天赋，所以只能用努力的时间来换取天分。

最后，威廉如愿找到了一份好工作，这与他平时的努力是分不开的。

成功恰巧就是运气撞到努力而已，努力永远不会有错，虽然现在无法感受到努力的回报，但未来的一天你总会知道努力的重要性。选择自己喜欢的事情，然后努力到坚持不下去为止，相信梦想，更要相信努力，因为遗憾比失败更可怕。年轻人在追逐梦想的时候，这个世界总会制造许多挫折与困难来阻挡你，残酷的现实会捆住你的手脚，但其实这些都不重要，重要的是你是否有努力到底的决心。

正如一位哲人所言：成功者大都起始于不好的环境并经历许多令人心碎的挣扎和奋斗。他们生命的转折点通常都是在危急时刻才降临。经历了这些沧桑之后，他们才具有更健全的人格和更强大的力量。

因此，生活中的人们，也请放下你的浮躁，放下你的懒惰，放下三分钟热度，放空容易受诱惑的大脑，放开容易被新奇事物吸引的眼睛，闭上喜欢聊八卦的嘴巴，静下心来好好努力。当你认真地努力之后，你会发现自己比想象中更优秀，好运也会在期待中降临。

你要有改变生活的勇气，而不是被生活改变

生活中的人们，当你遭遇厄运时，你可能会抱怨命运不公，或者上帝不公平。然而，这么做对我们又什么好处呢？我们既不能改变现实，也不能创造未来。一味地抱怨，只会让我们的心情越来越糟糕，也更加颓废沮丧。在反复不停的抱怨中，我们的内心变得越来越焦躁不安，就像热锅上的蚂蚁，也像是在被烈火烤炙。最终，抱怨之后，我们只能手足无措地站在那里，根本无法做任何事情。

其实，我们应该有改变现状的勇气，从厄运中跳脱出来，积极应对，如此，才能发现希望，获得新生，正如台湾女作家吴淡如曾说的："改变我能改变的，接受我所必须接受的，让自己活得充实，永远不要画地为牢。"

对此，现代心理学之父——威廉·詹姆斯给出了很好的诠释和解决办法，他说，真正的智慧，就是以非习惯性的态度看某些问题。这是在告诉我们要摆脱常规的方法，也不要陷入惯常的焦虑和忧愁之中，而应该释放自己的思维，让自己的人生充满希望，也拥有更多的机会走向成功。

的确，尤其是在遭遇我们自以为是的困境时，我们理应学会换个角度看待问题。例如，很多人因为自己的贫穷感到懊丧，那么不如想，既然我已经一无所有，也无所谓会失去什么。这么想来，大家反而更容易放开手脚、破釜沉舟地去做很

多事情。再如，很多人觉得自己总是与好机会失之交臂，或者失业，或者失恋，在这种情况下与其一味地懊丧，不如借此机会好好调整自己的心理状态，放空心灵，等着下一次机会的到来。总而言之，当你不抱怨，你会发现人生其实很美好，只要好好活着，就没有什么是不可战胜的。

生活就是这样，会发生很多让我们始料未及的事，它们有的是让我们惊喜的，有的是让我们失望的。不管是惊喜还是失望，它们都是生活对我们的馈赠，面对失望，我们可以不开心，却不能因此消极，而是应该积极面对。

接受你必须接受的，改变你能改变的，这不仅是说说而已，而是应该实践在我们生活的每一处，只有这样你的生活才会充满阳光，你的人生才会更精彩！

面对问题，抱怨是最糟糕的解决方式，所以也是最不可取的。与其抱怨所受的苦，还不如坦然接受，然后积极改变，这才是解决问题的正确之道。

热爱生活，哪怕生活带给你苦难

我们发现，生活中，有这样一些人，他们似乎总是充满活力、热爱生活、勇于奋斗，生活中的小烦恼对于他们来说根本不足挂齿，他们对未来充满了无限希望。同时也有这样一些人，他们好像总是满腹牢骚，感叹自己命运不济，于是，他们的生活过得空虚，月亮会使他们感到孤独、雪花会使他们感到寂寞，就是盛开的鲜花摆在面前他们也会感到花朵正在凋谢。人非草木，遇到不愉快的事情自然不会无所谓，然而现实不会因你的烦恼而改变，生活不会因你的痛苦而停顿。人生的路，需要你勇敢地面对、冷静地思考、明智地选择。因此，我们每个人，即便生活带给我们烦恼和苦难，我们依然要热爱生活。

其实，人生因充满坎坷的历练才变得多姿多彩。也许我们都不欢迎磨难的到来，但当它与你不期而遇时，请不要掉头。磨难是一个魔鬼，一旦他看上你，就会对你穷追猛打，不舍不弃。选择躲避甚至逃跑的人，只会被他欺负得更加悲惨。

曾有人说，成功的人生是痛苦与失败的交织，是磨难与顺利的交替。卓越的人生从卓越的目标开始，卓越目标的背后必然是充满荆棘和坎坷的路。经受了荆棘的刺痛和坎坷的摔打，追求成功的意志才会坚强起来，历练是人生不可多得的宝贵财富，拥有这笔财富，就没有什么困难不能克服，没有什么曲折可以把人击倒。丰富的人生历练是走向成功的基石。

在人生旅途中，很多人为前途而烦恼，如若遇到失败就气馁，自我放弃，又或自寻短见，走上自毁之途，试问又如何走完这漫长的人生旅程呢？再者，为了一时的失败而白白断送自己一生的前途，这又是否值得呢？古语有云：谋事在人，成事在天。他们认为尽管尽了最大的努力去做一件事，结果往往未必理想，此乃天命是也。当然，这并不是告诉人们要消极悲观地等待命运的宣判，而是要让我们明白，凡事达观，不可太过纠结。

命运赐给我们机遇和幸福，同时也给我们缺憾和苦难，我们没有必要畏缩自卑，更没有必要怨天尤人，用坚强的意志和刚毅的态度对待磨难，用豁达的心态对待生活，就会多一些希望，多几分幸福。

心向阳光，始终保持一颗年轻的心

从婴儿呱呱坠地开始，生命的年轮就不停歇地转动，即便我们梦想着青春永驻，年轮依然滚滚向前，时间如同逝水带走了我们的青春容颜。然而，尽管我们无法决定生理上的年龄，但是我们可以决定自己心理上的年龄。众所周知，心理年龄决定了我们的精神面貌，使我们哪怕容颜苍苍，也能展现出生命纯真美好的一面。

现实生活中，我们经常看到七八十岁的老人精神矍铄，反而有些正值盛年的年轻人却丝毫没有精气神，总是神情萎靡不振，终日厌倦。这种现象之所以发生，本质原因就是老人尽管生理年龄大，但是心理年龄很年轻；相反，年轻人尽管生理年龄小，但是心理年龄很苍老，也因此变得迟暮。

除了需要尽量延缓生理年龄之外，我们更加需要注重提升自己的精神世界，从而使心理年龄永葆青春。

其实，只要我们调整好自己的心态，让自己坦然面对人生的得失，也能够怀着赤子之心面对人生的重重磨难，那么终究还是可以找回幸福和快乐的。

作为一名销售员，周凯在现在的单位已经工作10年。10年间，他身边的同事来来去去，已经换了好几拨，唯有周凯一直坚定不移地做着这份工作，从未因为工作上的得失影响自己的心情。所以他不但工作做得好，生活也丝毫没有受到影响，并不像其他同事那样把工作的压力带到生活中去，最终不堪重负。

今年，周凯得到提拔，成为销售部的总经理。对于这样的晋升，周凯并没有感受到特别欣喜，他很清楚相应的职位必然要承担起相应的责任，他也因此感到肩上沉甸甸的。新官上任三把火，很快，周凯就让整个部门的风气焕然一新。尽管工作上有所成就，但是周凯与同事们之间的关系变得紧张，他不由得感到心力交瘁。经过一年多的努力，周凯获得了上司的认可和表扬，也得到了应得的回报。当其他同事问起他是如何保持良好的工作状态和销售业绩的，他笑着说：“年轻的心才能拥有年轻的状态，心若年轻，生命也永葆年轻，工作的状态也永葆青春！”

在这个事例中，周凯之所以能够保持良好的工作状态，是因为他始终有一颗年轻的心。很多长时间从事销售工作的人，都会感到疲劳，因而也难以保持良好的工作状态，周凯则始终保持年轻的心态，因而无论是在生活中还是在工作中，都能够给予自己充足的动力。

当然，人生之中总会有很多事情使我们感到沉重，随着不断地成长和成熟，我们的心也会渐渐充满人生的负面情绪。在这种情况下，我们必须把负面情绪当成垃圾倾倒出去，才能始终让自己心灵轻松，保持年轻的状态。就像电脑硬盘需要定期清理一样，我们的心也需要定期清理，才能保持轻松愉悦，也不会因为负担过重导致事倍功半。

生活的快乐与否，完全由你自己决定。你的态度决定了你一生的高度。你觉得自己无法实现自己的梦想，那么你将注定与成功无缘。你相信靠自己的力量能改变自己的命运，那么你的人生将会是另外一番景象。面对困境，不如学会对生活笑一笑，感受生命的美好。为此，我们可以记住几点：

1.每天对自己笑一笑

曾经有报道说，日本人为了改变自己压抑的性格，从而有利于与外向的西方人打交道，采取了一种训练笑容的方法：他们在上班之前的半小时里，会每人拿起一只筷子，横着咬在嘴里，固定好面部表情后，将筷子取出。此时人的面部基本维持一个笑容的状态，再发出声音，就像是在笑了。

这种看似荒谬的做法其实是有科学依据的。心理学家普遍认为除非人们能改变自己的情绪，否则通常不会改变行为。其实，我们在生活中都有这样的体会，当孩子哭泣时，我们会逗他们说：“笑一笑呀！”结果孩子勉强地笑了笑之后，跟着就真的开心起来，这就很好地说明情绪的改变将导致行为改变。

笑是生活中必不可少的调节剂和兴奋剂。用不同的态度面对生活，生活也会展现出不同的面貌。你有选择的权利，是哭还是笑，是积极还是消极。想要生活过得更加愉快，不妨学着每天对自己笑一笑。笑出一个新的开始，笑出一个好心情，笑出面对艰难的勇气，调节自己的情绪，让快乐与自己相伴。

2.笑着发现生活的美好

微笑是一种正能量。当你遇到挫折时，微笑面对生活，将艰难困苦当作成功的阶梯，把失败的经历当作成功路上的美丽风景，困难将不再那么可怕。当你遇到烦恼时，微笑面对，可以让自己的思想得到解脱，获得愉快的心情，发现生活中的美好与希望。每天对自己笑一笑，开始全新的一天，发现人生的一切都是美好的。这是拥有健康心态的基础。

3.微笑面对生活中的快乐和苦难

我们成长的路上，总是伴随着欢声笑语和辛酸的泪水，总能感受到成功的喜悦和失败的沉痛打击。没有经历过失败的人生是不完整的，我们的身边总是会有这样那样的失意和磨难相随左右。不管我们遇到什么困难，我们都应该以平和的心态对待，用微笑面对生活，笑对人生。

快乐是每个人的权利，生活给了我们选择，是选择快乐地生活，还是让生活深陷黑暗完全取决于我们自己。如果你觉得生活中的快乐越来越少，不妨试着对自己笑一笑，保持微笑，直面生活中的各种困难，总有一天能够冲破黑暗，重新获得快乐。

第11章

所有的颠沛流离，不过是为了成就更好的你

人们常说，人生无常，人生路上，谁都会遇到不如意、困难甚至灾难，但无论遇到什么，只要我们的心灵足够强大，我们就能坦然接受。生活中的年轻人，你的人生才刚刚开始，你现在所作的努力、奋斗，你现在遭受的痛苦、失败，都会助你历练成更优秀的自己，有朝一日，你会发现，原来有些事坚持下去是如此美好。

永远不要放弃你的梦想

我们在生活中，经常听到人们说，“思想有多远，就能走多远”，这句话虽然有点夸张，却道出了思想对行动的指导作用。同样，我们能走多远，关键也取决于我们的思想，也就是说你是谁不重要，重要的是现在你是否正在努力，如果你心有梦想，就能找到自己的方向，就能制订出明确的目标，并为实现自己的目标而奋斗，从而成为你想成为的人。然而，梦想的实现并不是一个容易的过程，在这一过程中，我们唯有坚定信念、永不放弃，才有可能摘取成功的果实。

世界闻名的潜能激发大师——美国的安东尼·罗宾先生曾说过这样一条“必定成功公式”。这条公式的第一步是要知道你所追求的，也就是要有明确的目标。第二步就是要知道该怎么去做，否则你只是在做梦，应立即采取最有可能实现目标的做法。如果你仔细留意成功者的做法，就会发现他们就是遵循这些步骤去做的。一开始先有目标，否则不可能一发即中；然后采取行动，因为坐着等是不行的；接着是拥有研判能力，知道反馈的重要性；然后不断修正、调整、改变做法，直到有效为止。

罗马纳·巴纽埃洛斯是美国第34任财政部长。但在当初，她只是一位贫穷的墨西哥姑娘，16岁就结婚，后来失去了丈夫的支持，独自抚养两个儿子。但是，她那时就决心谋求一种令她自己及两个儿子感到体面和自豪的生活。于是，在梦想的支撑下，她口袋里装着7美元，带着两个儿子乘公共汽车来到洛杉矶寻求更好的发展。

最初她做洗碗的工作，后来找到什么活就做什么，拼命攒钱直到存了400美元后，便和她的姨母共同经营玉米饼店，结果非常成功，并开了几家分店。后来，她经营的玉米饼店铺成为全美最大的墨西哥食品批发商，拥有员工300多人。

在经济上有了保障之后，巴纽埃洛斯便将精力转移到提高她美籍墨西哥同胞的地位上。于是，她和许多朋友一起在东洛杉矶创建了“泛美国民银行”。这家银行主要为美籍墨西哥人所居住的社区服务。后来，银行资产增长到2200多万美元，而她的成功确实来之不易。当初，有人告诫她说：“美籍墨西哥人不能创办自己的银行，你们没有资格创办一家银行，更不会成功。”就连墨西哥人也说：“我们已经努力了十几年，总是失败，你知道吗？墨西哥人不是银行家呀！”

但是，她始终不放弃自己的梦想，努力不懈。如今，这家银行取得伟大成功的故事在洛杉矶已经传为佳话，巴纽埃洛斯也成为美国第34任财政部长。

人只有树立了目标，内心的力量和头脑的智慧才会找到方向。而没有目标的人，就像一个无头苍蝇，撞到哪里就是哪里，他们默默地来到世界，又默默地死去，心中那一座无价的金矿，也因不开采而与平凡的尘土无异。

聪明、有理想、有追求、有上进心的人，一定都有一个明确的奋斗目标，他懂得自己活着是为了什么。因而他的所有努力，从整体上来说都能围绕一个比较长远的目标进行，他知道自己怎样做是正确的、有用的，否则就是做了无用功，或者浪费了时间和生命。显然，成功者总是那些有目标的人，鲜花和荣誉从来不会降临到那些没有目标的人的头上。

目标是一切成就的起点。只有确立了前进的目标，年轻人才会最大可能地发挥自己的潜力。只有在实现目标的过程中，我们才能够检验出自己的创造性，调动沉睡在心中的那些优异、独特的品质，才能锻炼自己、造就自己。

然而，任何一个为梦想拼搏的人更要明白的是，梦想的实现是一个艰辛的过程，如果经不起挫折，忍受不了挫折带来的痛苦与失败，我们就将沉埋在毫无希望的生活里，永远没有前进的方向。凡是能够成大事者，他们必须耐得住痛苦，忍受得了失败的打击，因为成功需要风风雨雨的洗礼。追寻成功的路途是艰辛的，更是漫长的，但请你不要着急，也许，你再坚持一秒成功就来了。

有些事，坚持下去才知道有多美

古语云：“世上无难事，只怕有心人。”不管你做什么，只要你想成功，就必须下定决心，不怕苦、不怕累，坚持下去，而要做到这些，需要我们有一颗充满正能量的心。只有这样，我们才能在工作中充满热情和活力，才能在遇到困难和挫折的时候，不轻易放弃，而是积极面对。充满正能量的人在事业和生活中，一定能取得比那些消极的人更好的成绩，也会比他们更容易走向成功。

你是一颗金子，不管在哪里都会发光。所谓“真金不怕火炼”，在经历了许多的磨炼之后，金子会褪下朴素的外表而呈现出金光闪闪的一面。在生活中，每个人都有自己特定的优点和缺点，天生我材必有用，只要找准自己的位置，长久地坚持下去，每个人都会发光。生活中，许多人总是郁郁不得志，其原因在于不是他们不够优秀，而是他们没有足够的耐心，在漫长的磨砺过程中，他们丧失了太多的信心，其实，有些事，你只有坚持下去，才知道能否成功。

在《青春不应被浪费》一书中，袁岳说，假如大学生能够每天坚持写博客，写满一年的时间，那么他愿意为他们毕业之后找工作的事情打包票。当时，他的这句话是面向至少100万大学生所说的，但是最终只有五名大学生把他的话记在心里，并且努力认真地坚持做下去。最终，五个坚持写博客的同学根本无须袁岳的帮助，就顺利找到了工作。因为经过一年坚持写博客，他们不仅表达能力大幅度增强，而且毅力也极大增强。由此可见，任何行动的设想如果只停留在空想阶段，就会变成毫无意义的白日梦，只有转化成切实的行动并且努力坚持下去，才能成为技能，也对我们的生活和工作起到积极的作用与影响。

人生之中很多事情都不可能一蹴而就，我们更是需要付出坚持不懈的努力，才能卓有成效。任何情况下，只要我们足够努力和坚持，人生绝不会辜负我们。当你成为独一无二的自己，你会知道一切坚持都是值得的。

生活中的你，朝着一个方向不断地坚持，总有一天，你就会成功。就好像炼金一样，这个过程是异常痛苦而枯燥的，不过，只要你坚信自己是一颗金子，并且努力地坚持下去，终有一天，我们就会像金子一样闪闪发光。

不逼自己一把，你永远不知道自己有多出色

许多人不明白自己的价值所在，他们也不知道自己到底具有多大的潜能，所以，谁也不知道自己到底会有多么伟大。事实上，一个人的价值有时候是显现的，但在很多时候都是隐现的，而在每个人的身体里，都蕴藏着巨大的能量，这就是我们的价值所在。

只要我们勇于去寻找真实的自我，激发出自己无穷的能量，就能够彰显自身的价值，这会让我们人生的每一刻都过得精彩。

战胜自己，并征服自己

罗曼·罗兰曾说：“最强的对手，不一定是别人，而可能是我们自己；在征服世界之前，先得战胜自己。”在生活中，有些人成就不大，不在于智力不够，而在于没有克服自己心理上的弱点和谬见；只有不断向自己挑战，认真对待自己的心理障碍，才能取得更大的成功。人最大的对手就是自己，病痛是自己的对手，烦恼也是自己的对手。疾病是对手，就要治疗它，甚至“与病为友”；烦恼是对手，也要面对它，更要“转烦恼为力量”；自己对手，更要面对，更要“战胜自己，征服自己”。

只要能对自己“狠一点”，做自己该做的事，集中精力、全心全意、毫不懈怠，每个人都能把工作做得很出色。遗憾的是。绝大多数人总是沉溺在微不足道的“舒适”中，哪怕机会一次又一次从身边溜走。

一个人想要征服世界，首先要战胜自己，让自己能够全身心地投入有意义的事业当中去，争取成功，而不应为外物所控制。其实，几乎每个人都曾受到过自卑心理的影响和折磨，面对自卑，我们采取的态度往往决定了我们人生未来的成就。如果你在自卑面前退缩，它就会将你彻底击败，摧毁你的人生；可是如果你挺直腰板敢于与其对抗，那么你将会迎来一个充满阳光的美好人生。

人生中最大的敌人就是自己，许多困难的产生都源自人们的内心。当一个人明白所有的困难和障碍全是自己制造的时候，他才会真正地去克服它、战胜它。因为他找到了根源。

生命不息，奋斗不止

生活中，我们每个人都知道，天上掉馅饼的想法一定不能有，我们要想改变自己的生活和命运，就必须积极进取，而不是把希望寄托在异想天开的天赐良机上。二十几岁正是奋斗的年龄，爱默生说："凡事要想成功，必要付出代价，这个代价就是奋斗。"

毕业于哈佛大学的美国哲学家詹姆斯说："你应该每一两天做一些你不想做的事。"的确，谁不想安安稳稳地走完人生之路，谁愿意累死累活地跟自己过不去呢？可是，如果不这样，我们就不可能进步。

当然，奋斗的道路是艰难的，也许有人奋斗了一生，并未能如愿以偿。就像攀登喜马拉雅山，有的人眼看要到达顶峰，却被无情的雪崩所淹没。可是，这并不能泯灭他们奋斗的足迹。生命不息，奋斗不止，付出了可能暂时没有得到回报，但是不付出就绝对得不到回报。

安吉尔是世界上唯一用假肢走钢丝的人，为世人瞩目和敬佩。在我们看来，一个失去右腿且动过四次手术的人，居然能走钢丝，简直不可思议！

1987年8月，一场突如其来的疾病让安吉尔发现了自己的身体状况——她的右腿踝骨患了癌症，而医生给出的治疗方案就是将膝盖以下部分全部截去。

当听到这个噩耗时，安吉尔根本无法接受，因为她是个以走钢丝为职业的人，但是她很快清醒：悲痛对改变现状毫无帮助，她勇敢地接受了医生的手术，庆幸的是，她的手术很成功，她也很快再次走上了舞台。

然而，命运又跟她开了个玩笑，在她做完截肢手术后不久，她再次被发现患有肺癌，她要想保住生命，就必须要切除一半肺部。面对再次降临的不幸，安吉尔以顽强不屈的精神，又做了一次手术。

然而，七个月后，她病情恶化——癌细胞开始扩散，为了怕她接受不了这样的打击，医生嘱咐她的家人不要告诉她这个消息，然而，安吉尔在得知后，十分平静：“放心吧，我不伤心，也不治疗了，我想回家，利用人生的最后时间做些有意义的事。”此后，安吉尔离开医院，带着病弱的身体，依然奋战在杂技舞台上，给人们带来欢乐。

安吉尔说，我只想告诉孩子们，无论生命给予你什么，都别抱怨，但也不能任由命运捉弄，我们唯一要做的就是快乐，这样，才能让别人也快乐。

安吉尔朴实无华的话语告诉我们，人生总是要失去的，但是我们要成为命运的主宰，不要因为那些失去而一蹶不振，而应该根据我们自身拥有的一切创造幸福快乐的生活，也给他人带来光和热。正因为有如此高尚的思想和人生觉悟，安吉尔才能拖着病弱的身体继续为人们带来欢声笑语，也以身示范，告诉孩子们生命不息，奋斗不止，任何时候都要成为命运的主宰，主动地生活。

没有一番寒彻骨，哪来梅花扑鼻香。任何目标的实现都要经过努力，只有积极进取才能离自己的目标越来越近。生命的意义就在于不断地进取，不断地攀登一个个成功的高峰。

总之，成功在于不断超越。超越是一种突变、一种解放、一种升华，正是这种超越，人类才能从蒙昧无知的洪荒远古走向文明昌盛的今天。只有勇于超越，不停地调整生命的目标，我们才能从一个高峰跃向另一个高峰，在生命的峰巅领略壮美的风光。

参考文献

[1]沐木.苦只会苦一阵子，怕就会输一辈子[M].沈阳：辽宁人民出版社，2016.

[2]詹金金.真正的勇敢，是带着恐惧前行[M].长春：吉林文史出版社，2017.

[3]三十.曾经的颠沛流离，是为了成就更好的你[M].北京：民主与建设出版社，2015.

[4]墨陌.只要坚持，梦想总是可以实现的[M].南京：南京出版社，2016.

[5]萧萧.你若不勇敢，谁替你坚强[M].北京：北京时代华文书局有限公司，2013.